AI办公提效手册

AI Productivity Boost Handbook

AI技能提升工作组 ◎ 编著

化学工业出版社

·北京·

内 容 简 介

《AI办公提效手册》是一本专为追求高效办公的职场人士设计的实战指南，它将展示如何利用AI工具彻底革新工作流程。本书从入门基础到场景应用，系统介绍了包括DeepSeek、文心一言、WPS AI、腾讯文档、橙篇、通义等在内的近20款AI办公工具，深入探讨了它们的网页版与手机版的使用方法，并提供了130多个教学视频，确保读者能够快速上手。

全书提供了119个AI互动学习指令，通过阅读本书，读者将掌握如何精确地编写AI指令，还能够迅速适应并掌握各种AI工具。无论读者从事的是自媒体内容创作、教育教学实践、企业行政管理、电商产品销售、市场营销策划，还是金融投资分析，本书都能助力读者将AI工具灵活地运用于各个专业领域，在职场中游刃有余，提升工作效率。

本书的精华在于其丰富的多场景AI办公案例，涵盖了工作报告、小红书种草文案、教学课件、旅行攻略、短视频脚本、营销策略等多个领域，展示了AI工具如何帮助用户提升工作效率、激发创意，并创作出具有吸引力和针对性的内容。本书内容丰富、结构清晰，适合以下人群阅读：一是职场白领与企业管理者，二是创意设计与内容创作者，三是AI绘画师与电商设计师，四是视频创作者或短视频博主，五是人工智能相关专业学生与研究人员，六是对AI应用感兴趣的人士，七是IT与数字化转型专业人士。此外，本书还可作为相关培训机构、职业院校的参考资料。

图书在版编目（CIP）数据

AI办公提效手册 / AI技能提升工作组编著. -- 北京：化学工业出版社，2025. 5. -- ISBN 978-7-122-47550-3

Ⅰ. TP317.1

中国国家版本馆CIP数据核字第20256YK472号

责任编辑：夏明慧　　　　　　　　　　　　封面设计：李　冬
责任校对：边　涛　　　　　　　　　　　　版式设计：盟诺文化

出版发行：化学工业出版社（北京市东城区青年湖南街13号　邮政编码100011）
印　　装：三河市双峰印刷装订有限公司
710mm×1000mm　1/16　印张13¼　字数251千字　2025年6月北京第1版第1次印刷

购书咨询：010-64518888　　　　　　　　　售后服务：010-64518899
网　　址：http://www.cip.com.cn
凡购买本书，如有缺损质量问题，本社销售中心负责调换。

定　　价：78.00元　　　　　　　　　　　　　　　　版权所有　违者必究

前 言

在这个数字化和智能化飞速发展的时代，AI技术已经渗透到人们工作的方方面面，成为现代职场中提升工作效率和质量的重要驱动力。然而，在享受AI带来的便利的同时，许多职场人士也面临着新的挑战。

① **技术适应性弱**：如何快速适应并掌握AI工具，以应对不断变化的办公需求？

② **信息管理压力大**：在海量信息中，如何有效筛选和利用数据，以提高决策效率？

③ **重复性的任务多**：如何将重复性工作自动化，释放人力资源，专注于更有价值的任务？

④ **技能升级需求强烈**：在职场中，如何持续更新自己的技能，以保持竞争力？

⑤ **决策支持不足**：如何利用AI技术驱动数据洞察来支持复杂决策，减少不确定性？

⑥ **协作效率低**：在跨部门或远程协作时，沟通成本高，如何提升协作效率？

针对这些痛点，我们精心编写了《AI办公提效手册》，旨在为读者提供一套全面实用的AI办公解决方案。本书不仅是一本工具书，更是一本思维指南，帮助读者在AI时代乘风破浪。

本书的特色和亮点体现在以下几个方面。

·**AI办公工具全介绍**：本书精选了市场上领先的AI办公工具，如DeepSeek、文心一言、WPS AI、腾讯文档、橙篇、通义及Kimi等近20款AI工具，让您快速上手，高效利用。

·**AI提效办公功能全解析**：本书深入解析了上述AI工具的核心功能，如AI写作、AI写公式、AI生成PPT、AI总结PDF要点、AI翻译、AI绘画、AI生成视频、AI生成思维导图、AI生成漫画及AI生成有声书等，帮助读者充分利用AI技术提升工作效率。

·**AI驱动的创意激发**：AI的数据分析和模式识别能力，能够帮助读者在办公创作初期快速获取灵感，无论是撰写报告、设计演示文稿、撰写小说还是制定营销策略，AI都能成为得力助手。

·**个性化AI指令编写**：书中提供了丰富的AI指令模板与指令解析，教会读者如何根据具体需求精确编写AI指令，帮助读者在不同的场景下快速生成高质量的内容。

·**多场景AI办公案例**：书中的办公案例涵盖了工作报告、小红书种草文案、朋友圈文案、教学课件、业绩考核、人际沟通、旅行攻略、直播带货、短视频脚本、产品介绍、品牌推广、营销策略等多个场景，展示了AI工具的广泛适用性。

·**跨领域AI办公探索**：书中展示了AI工具在不同行业和领域的应用，如自媒体、教学、行政、人力、电商销售、营销策划及金融投资等，拓宽了AI辅助办公的可能性。

此外，为了进一步帮助读者提升AI办公技能，本书特别提供了119个AI互动学习指令、130多个教学视频，这些资源将为您提供更直观的学习体验和更丰富的实践指导。通过实际操作和观看视频，读者可以更深入地理解AI办公工具的使用方法，以及如何将它们应用到实际工作中。

《AI办公提效手册》是一本面向未来职场的办公手册，通过本书，读者将学会如何利用AI技术，将办公任务转变为一种高效、创新、个性化的工作过程，希望本书及其附加资源能够成为读者职场办公的强大助手。

◎ 特别提醒

1. **版本更新**：本书的编写是基于当前各种AI工具的网页版和手机版的界面截取的实际操作图片，但书从编辑到出版需要一段时间，在此期间，这些工具的功能和界面可能会有变动，请您在阅读时根据书中的思路举一反三进行学习。

本书涉及的各大软件和工具的版本如下：DeepSeek是基于DeepSeek-R1模型，文心一言为文心大模型3.5，文小言App为4.1.0版，WPS AI为WPS Office 2024秋季更新（18276）32位版，WPS Office App为12.16.1版，百度文库App为9.0.80版，腾讯文档App为3.8.5（8602）版，通义为通义千问2.5模型，文心一格为基于文心大模型能力的AI艺术和创意辅助平台，剪映App为14.7.0版，智谱清言为新一代基座大模型GLM-4，讯飞星火为V4.0模型，天工AI为3.0对话助手。

2. **关于会员功能**：文心一言、WPS AI、腾讯文档、即梦AI、剪映、天工AI及文心一格等软件中的某些AI创作功能，需要开通会员或充值才能使用，虽然有些功能有免费的次数可以试用，但是开通会员之后，就可以无限使用或增加使用次数。对AI办公提效有强烈需求的用户，可开通会员，这样可使用更多的功能并获得更丰富的玩法体验。

3. **指令与提示词**：也称为文本提示（或提示）、文本描述（或描述）、文本指令（或指令）、关键词或"咒语"等。需要注意的是，即使是相同的指令和提示词，软件每次生成的回复也会有所差别，这是软件基于算法与算力得出的新结果，是正常的，所以大家会看到书中的回复与视频中的有所区别，包括大家用同样的指令，自己进行实操时，得到的回复也会有差异。因此在扫码观看教程时，读者可把更多的精力放在操作技巧的学习上。

> **提示**：读者在进行创作时，需要注意版权问题，应尊重他人的知识产权。另外，读者还需要注意安全问题，创作须遵循相关法律法规和安全规范，确保作品的安全性和合法性。

◎ 资源获取

如果读者需要获取书中案例的指令与回复，请使用微信"扫一扫"功能扫描右侧二维码获取。

本书配套的教学视频与正文每一小节一一对应，读者可以按需扫描正文中的二维码，边看边学。

扫码获取
案例指令与回复

本书由AI技能提升工作组编著，参与编写的人员还有刘华敏，在此表示感谢。

由于编写人员水平有限，书中难免有疏漏之处，敬请广大读者批评指正。

2025年1月

目 录

智能工具篇

第 1 章　工具一：DeepSeek ·················· 002

1.1　DeepSeek 入门 ·················· 003
　　1.1.1　注册与登录 DeepSeek ·················· 003
　　1.1.2　了解 DeepSeek 功能页面 ·················· 004

1.2　DeepSeek 网页版 AI 办公提效功能 ·················· 005
　　1.2.1　开启新的对话：商品标题文案 ·················· 005
　　1.2.2　深度思考模式：电商营销策略 ·················· 006
　　1.2.3　联网探索模式：行业应用趋势 ·················· 008
　　1.2.4　识别上传内容：总结图片文字 ·················· 009
　　1.2.5　检索所需内容：AI 技术领域 ·················· 010

1.3　DeepSeek 手机版 AI 办公提效功能 ·················· 011
　　1.3.1　生成创意文案：蓝牙耳机广告 ·················· 012
　　1.3.2　获取热点信息：环保相关政策 ·················· 012
　　1.3.3　制定管理方案：优化项目流程 ·················· 013
　　1.3.4　解决技术难题：量子计算原理 ·················· 014

第 2 章　工具二：文心一言 ·················· 016

2.1　文心一言入门 ·················· 017
　　2.1.1　注册与登录文心一言 ·················· 017
　　2.1.2　了解文心一言的功能页面 ·················· 018

2.2　文心一言网页版 AI 办公提效功能 ·················· 020
　　2.2.1　高效改写文章：市场营销策略 ·················· 020

- 2.2.2 智能生成方案：年度销售计划 ········· 021
- 2.2.3 深度创作文案：品牌推广方案 ········· 022
- 2.2.4 批量点评文章：学生作文集 ·········· 023
- 2.2.5 PPT 创新设计：产品发布会演示 ········ 024

2.3 文小言 AI 办公提效功能 ················ 025
- 2.3.1 书写发言稿件：公司年会致辞 ········· 026
- 2.3.2 解析摄影作品：古镇航拍 ············ 027
- 2.3.3 广告创意设计：电子商务推广 ········· 028
- 2.3.4 撰写短视频文案：美食探店 ·········· 029

第 3 章　工具三：WPS AI ················ 030

3.1 WPS AI 网页版 AI 办公提效功能 ·········· 031
- 3.1.1 打开并登录 WPS AI 平台 ············ 031
- 3.1.2 AI 起草：服务合同模板 ············ 033
- 3.1.3 AI 撰写：会议通知 ················ 034
- 3.1.4 AI 创建：客户关系交接表 ············ 035

3.2 WPS AI 电脑版 AI 办公提效功能 ·········· 036
- 3.2.1 下载与安装 WPS Office ············· 036
- 3.2.2 AI 排版：项目进度报告 ············ 037
- 3.2.3 AI 帮我写：物品管理手册 ··········· 039
- 3.2.4 AI 帮我改：书店种草文案 ··········· 040
- 3.2.5 AI 文本生成表格：项目详情 ········· 041
- 3.2.6 AI 条件格式：产品预售额 ··········· 043
- 3.2.7 AI 写公式：员工离职率 ············· 044
- 3.2.8 AI 生成 PPT：社交媒体营销策略 ······ 045
- 3.2.9 AI 总结 PDF：行政外包策略 ········· 048
- 3.2.10 AI 模板：小红书标题脑暴 ·········· 050

3.3 WPS AI 手机版 AI 办公提效功能 ·········· 051
- 3.3.1 AI 帮我写：年会邀请函 ············· 052
- 3.3.2 AI 文档问答：公众号文章 ··········· 054
- 3.3.3 AI 续写：行政沟通技巧 ············· 055
- 3.3.4 AI 翻译：拓展国际市场策略 ········· 057

第 4 章　工具四：腾讯文档 ························ 059

4.1　腾讯文档入门 ························ 060
4.1.1　注册与登录腾讯文档 ················ 060
4.1.2　了解腾讯文档功能页面 ·············· 060

4.2　腾讯文档网页版 AI 办公提效功能 ············ 062
4.2.1　AI 新建文档：团建游戏攻略 ············ 062
4.2.2　AI 新建表格：面试签到表 ·············· 064
4.2.3　帮你写公式：销售提成统计表 ············ 066
4.2.4　对话生成图表：销售提成对比图 ·········· 068
4.2.5　调整排序：餐厅员工花名册 ·············· 070

4.3　腾讯文档手机版 AI 办公提效功能 ············ 071
4.3.1　生成文档：医疗健康专业知识 ············ 072
4.3.2　生成 PPT：钢琴课程备课框架 ············ 073
4.3.3　生成表格：员工绩效考核表 ············· 075
4.3.4　AI 搜索：AI 短视频生成工具 ············· 076

内容生成篇

第 5 章　提效一：办公文案的智能生成 ············ 078

5.1　使用橙篇 AI 进行智能写作 ················ 079
5.1.1　文档总结：会议纪要整理 ··············· 079
5.1.2　AI 翻译：旅游景点介绍 ··············· 081
5.1.3　学术搜索："智慧城市能源策略" ········· 082
5.1.4　校正润色：新媒体文章优化 ············· 083
5.1.5　AI 撰写影评：《出走的决心》 ··········· 084
5.1.6　AI 生成小说：《田园晚晴归处》 ········· 085

5.2　使用通义 AI 生成办公文案 ················ 086
5.2.1　AI 生成爆款标题："生活好物分享" ······ 086
5.2.2　AI 生成新媒体文章：创意文案 ·········· 088
5.2.3　AI 生成旅游方案：凤凰古城 5 日游 ······ 088
5.2.4　AI 撰写活动方案：家具店开业优惠活动 ···· 089
5.2.5　AI 撰写图书前言：《AI 短视频创作攻略》 ···· 090

第6章　提效二：办公图片的智能生成 …………… 092

6.1　使用文心一格生成办公图片 …………………… 093
6.1.1　以文生图：可爱小松鼠 …………………… 093
6.1.2　生成二次元漫画：阳光少年 …………………… 095
6.1.3　设计绘本插画："梦幻森林奇遇" …………………… 096
6.1.4　生成风光图片：绿色草原 …………………… 098
6.1.5　以图生图：长发女生 …………………… 099
6.1.6　AI 艺术字设计："幸" …………………… 101

6.2　使用 ProcessOn 生成思维导图 …………………… 102
6.2.1　整理与汇报：工作周报 …………………… 103
6.2.2　梳理与管理：企业经营类思维导图 …………………… 106
6.2.3　设计与开发：产品规划图 …………………… 108

第7章　提效三：办公视频的智能生成 …………… 111

7.1　使用即梦 AI 将想法转化为视频 …………………… 112
7.1.1　文本生视频：饕餮传说 …………………… 112
7.1.2　图片生视频：沙漠红衣美女 …………………… 114
7.1.3　首尾帧视频：日夜交替 …………………… 116
7.1.4　做同款视频：浴火重生 …………………… 117

7.2　使用剪映 App 提升剪辑效率 …………………… 120
7.2.1　一键成片：蝶恋花 …………………… 120
7.2.2　图文成片：川味麻婆豆腐 …………………… 122
7.2.3　营销成片：骨瓷花瓶 …………………… 124
7.2.4　模板生成视频：狸花猫 …………………… 126

办公案例篇

第8章　自媒体类的 AI 办公案例 …………………… 130

8.1　写文章标题："视频剪辑技巧" …………………… 131
8.2　账号运营建议："情感博主" …………………… 132
8.3　生成自媒体软文："智能恒温器" …………………… 133
8.4　写公众号文章："时光的故事" …………………… 134

8.5 写朋友圈文案："落日与晚风" ………………… 135
8.6 写小红书笔记："鉴别和田玉" ………………… 136
8.7 写知乎内容："时间管理" …………………… 137
8.8 写头条号文案："手机摄影技巧" ……………… 138
8.9 写豆瓣书评：《百年孤独》 …………………… 139
8.10 创作宣传片脚本："健康助手" ………………… 140
8.11 创作日常 Vlog 脚本："露营" ………………… 141

第 9 章 老师教学类的 AI 办公案例 ………… 142

9.1 设计教学方案：《木兰辞》 …………………… 143
9.2 提供教学建议："物理知识辅导" ……………… 144
9.3 设计课堂活动："元素周期表" ………………… 145
9.4 推荐教学工具："初中地理" …………………… 146
9.5 生成讲座互动："诗歌欣赏" …………………… 147
9.6 生成教学心得："二次函数" …………………… 148
9.7 改善师生沟通策略："问题反馈" ……………… 149
9.8 生成辩论灵感："地理环境" …………………… 150
9.9 制作教学课件："化学反应速率" ……………… 151

第 10 章 行政人力类的 AI 办公案例 ………… 154

10.1 简历生成器："求职模板" …………………… 155
10.2 职场百事通："面试技巧" …………………… 157
10.3 生成招聘启事："财务专员" ………………… 159
10.4 变身面试官："面试问题库" ………………… 160
10.5 筛选简历："人岗匹配分析" ………………… 161
10.6 HR 谈薪方法："薪资谈判" ………………… 162
10.7 制定企业规章制度：考勤管理 ……………… 163
10.8 生成培训计划：新员工培养 ………………… 164
10.9 制定考核体系："绩效评估" ………………… 165

第 11 章 电商销售类的 AI 办公案例 ………… 166

11.1 销售推进话术："客户回访" ………………… 167

11.2　电商主图文案："新款运动鞋" ············ 168
11.3　电商详情页文案："智能手表" ············ 169
11.4　商品海报文案："夏季促销" ············ 170
11.5　店铺促销文案："会员活动" ············ 170
11.6　社交媒体文案："新款连衣裙" ············ 171
11.7　撰写商品评价："大肚保温杯" ············ 171
11.8　产品推广文案："电动削笔机" ············ 172
11.9　品牌宣传文案："迅飞剃须刀" ············ 173
11.10　限时抢购宣传："618 活动" ············ 174
11.11　产品购物指南："笔记本电脑" ············ 175
11.12　建立客户关系："节日祝福" ············ 176

第 12 章　营销策划类的 AI 办公案例 ············ 178

12.1　产品营销软文："全自动雨伞" ············ 179
12.2　营销策划案："智能穿戴设备" ············ 181
12.3　市场营销计划："母婴用品" ············ 182
12.4　活动主题标语："女装春季特卖" ············ 183
12.5　活动运营方案："双十一购物节" ············ 183
12.6　品牌包装推广："UU 无糖饮料" ············ 184
12.7　广告投放策略："玫瑰沐浴露" ············ 185
12.8　短视频带货脚本："咖啡摩卡壶" ············ 186
12.9　抖音直播带货标题："洗护用品" ············ 187
12.10　小红书种草文案："护肤品" ············ 188

第 13 章　金融投资类的 AI 办公案例 ············ 190

13.1　金融专业知识："投资顾问" ············ 191
13.2　解答投资问题："债券风险与收益" ············ 192
13.3　分析市场趋势："经济周期" ············ 193
13.4　行业研究报告："宏观经济分析" ············ 194
13.5　股票投资建议："潜力成长股" ············ 195
13.6　投资分析报告："XYZ 公司" ············ 197
13.7　风险评估报告："房地产项目" ············ 198
13.8　优化投资组合："调整资产配置" ············ 199

智能工具篇

▶ 第1章

工具一：DeepSeek

DeepSeek作为一款AI驱动的智能产品，凭借其强大的搜索与思维能力，能够显著提升办公效率。无论是在网页版还是手机版，DeepSeek都提供了全面的功能支持，帮助用户更快速地处理复杂任务。本章将逐步介绍DeepSeek的入门使用方法、网页版和手机版的具体功能，帮助用户充分发挥其办公效能。

1.1 DeepSeek 入门

对于初次使用DeepSeek的用户来说，首先需要了解如何注册和登录，其次便是熟悉其功能界面，如此才能在工作中高效利用DeepSeek的强大能力。本节将全面介绍注册并登录DeepSeek网页版的操作方法，并对其操作界面的各功能进行讲解。

1.1.1 注册与登录DeepSeek

DeepSeek网页版是一款功能丰富、用户友好的在线人工智能工具，其操作页面简洁明了，以直观的方式呈现。即使是初次使用的用户，也能迅速上手并找到所需功能。下面介绍注册与登录DeepSeek网页版的操作方法。

步骤01 在电脑中打开相应浏览器，输入DeepSeek的官方网址，打开官方网站，单击"开始对话"按钮，如图1-1所示。

图1-1 单击"开始对话"按钮

步骤02 进入登录界面，在"验证码登录"选项卡中，❶选中相应复选框；❷输入手机号和验证码；❸单击"登录"按钮，如图1-2所示，稍等片刻，用户即可使用手机号进行登录，如果是未注册的手机号将自动注册。或者，用户还可以通过单击"使用微信扫码登录"按钮的方式进行账号登录。

步骤03 此外，用户也可以在"密码登录"选项卡中，❶输入手机号/邮箱地址、密码等信息；❷选中相应复选框；❸单击"登录"按钮，如图1-3所示，即可通过手机号/邮箱地址登录DeepSeek。

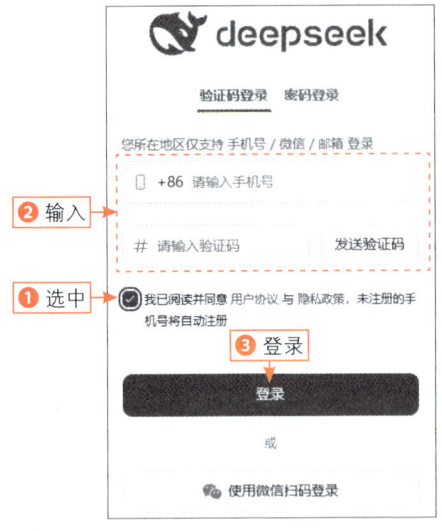

图 1-2　单击"登录"按钮（1）　　　图 1-3　单击"登录"按钮（2）

1.1.2　了解DeepSeek功能页面

扫码看视频

DeepSeek，全称为杭州深度求索人工智能基础技术研究有限公司，是一家成立于2023年7月17日的创新型科技公司，专注于先进大语言模型（Large Language Model，LLM）及相关技术的研发。

通过精准的数据分析和智能推理，DeepSeek能够为用户提供更为个性化和高效的服务，其页面的主要功能分布如图1-4所示。

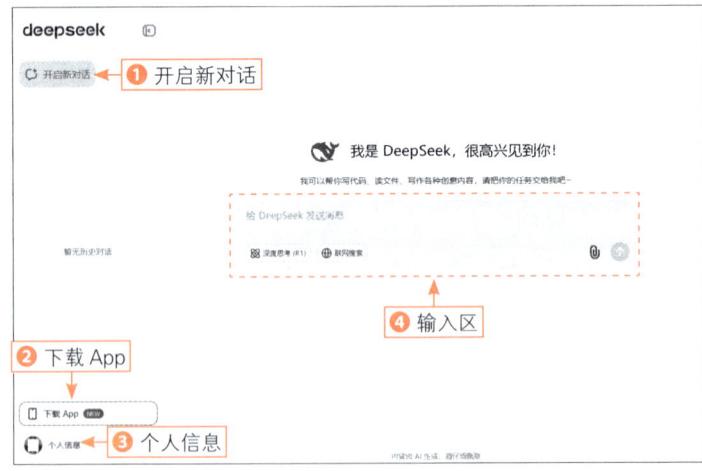

图 1-4　DeepSeek 页面的主要功能分布

下面对DeepSeek页面中的各主要功能进行相关讲解。

❶ 开启新对话：单击该按钮，将开启一个全新的、独立的对话窗口。

❷ 下载App：单击该按钮，即可弹出一个二维码，使用手机扫描该二维码，即可下载DeepSeek手机版。

❸ 个人信息：单击该按钮，即可弹出相应面板，其中包括了"系统设置""删除所有对话""联系我们"和"退出登录"4个按钮，用户可根据需要进行设置。

❹ 输入区：该区域包括输入框、深度思考、联网搜索和附件上传。其中，输入框是用户输入文字指令的位置；"深度思考（R1）"模式在逻辑推理和复杂问题处理方面表现出色，能够深入剖析问题的本质并给出有价值的解决方案；"联网搜索"模式，能够搜索实时信息，快速整合并给出详尽的回答；附件上传按钮则为用户上传文件提供入口。

1.2 DeepSeek 网页版 AI 办公提效功能

DeepSeek网页版作为一款创新的智能对话平台，为用户提供了丰富的办公提效功能，旨在提升信息获取、内容分析以及交流对话的效率。本节将深入探索DeepSeek网页版的办公提效功能，帮助用户快速熟悉DeepSeek。

1.2.1 开启新的对话：商品标题文案

DeepSeek网页版的核心是其对话模式。在此模式下，用户可以通过输入问题或任务要求，启动新的对话。DeepSeek将基于其强大的自然语言处理能力，快速理解用户需求，并提供精准的解答和建议。下面介绍开启DeepSeek新对话的操作方法。

步骤01 在导航栏或输入框的上方，单击"开启新对话"按钮，如图1-5所示。

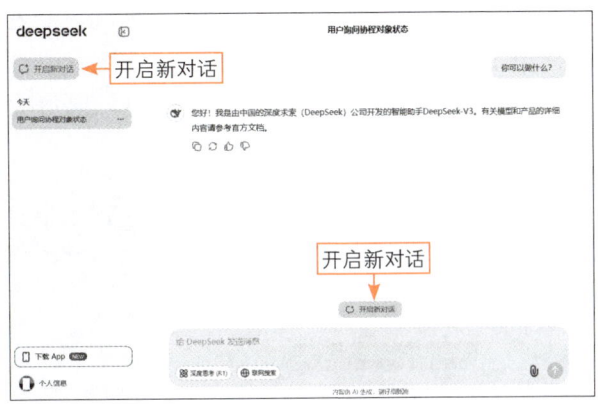

图1-5 单击"开启新对话"按钮

步骤 02 执行操作后，即可开启一个新的对话页面，在上方的输入框中，输入相应的指令，用于指导AI生成特定的内容，如图1-6所示。

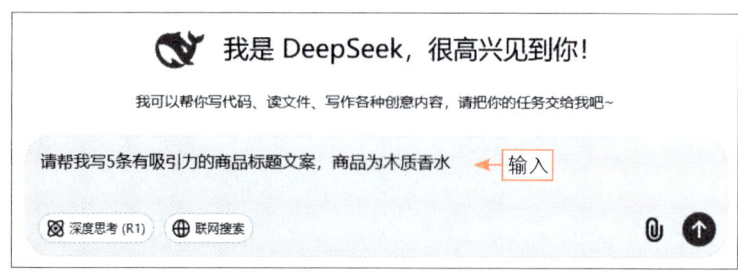

图1-6 输入相应的指令

步骤 03 单击发送按钮，DeepSeek即可根据指令生成相应的内容，具体如下。

DeepSeek

木质香水标题文案：
1.沉静木质，唤醒灵魂深处的优雅（突出木质香调，强调优雅气质）
2.穿越森林的呼吸，邂逅自然与宁静（营造自然氛围，突出宁静感受）
3.木质香调，演绎沉稳与魅力的完美平衡（强调沉稳魅力，吸引成熟受众）
4.独特木质香氛，打造你的专属印记（突出独特性，吸引追求个性的消费者）
5.温暖木质香，开启一段感官之旅（强调温暖感受，营造舒适氛围）

1.2.2 深度思考模式：电商营销策略

扫码看视频

DeepSeek的深度思考模式能够对给定的问题进行多维度、多层次、系统性的分析和推理，不会仅仅提供一个表面的答案。下面介绍使用DeepSeek"深度思考"模式的操作方法。

步骤 01 开启一个新的对话，单击输入区中的"深度思考（R1）"按钮，如图1-7所示，开启后，该按钮会变成蓝色。

图1-7 单击"深度思考（R1）"按钮

第 1 章 工具一：DeepSeek

步骤 02 在输入框中输入相应的指令，用于指导AI生成特定的内容，单击发送按钮⬆，DeepSeek即可根据指令生成相应的内容，相关指令和回复如下。

🗨 提问

假设你是经验丰富的营销策划专家，需要为一家主营智能家居产品的电商平台制定一份营销策略。目标受众是25～35岁的城市上班族，预算为5万元。该策略需涵盖线上抽奖、限时折扣和团购优惠，同时突出产品的智能化、便捷性和节能优势。请用简洁清晰的语言进行描述，并在策略中提出至少3个创新点。

🐋 DeepSeek

智能家居电商平台营销策略（5万元预算）
一、核心策略框架
1.线上抽奖引流
设置"智能生活幸运礼盒"大奖（价值3000元智能家居套装），用户通过注册会员、分享活动页或下单满300元获得抽奖机会。
创新点1：AR（Augmented Reality，增强现实）互动抽奖——用户扫描活动海报可触发AR场景，预览产品在家中的3D效果，增强参与感。
2.限时折扣分层设计
……
四、效果评估维度
活动参与率（抽奖＞5000人次，团购组队＞300组）
转化率提升（对比日常增长40%+）
社交传播量［UGC（用户生成内容）部分≥200条，话题曝光量50万+］
策略逻辑：通过低门槛抽奖吸引流量，用限时折扣制造紧迫感，以社交团购实现裂变，同时通过环保公益与AR技术提升品牌记忆点，精准匹配年轻职场人"高效、科技感、责任感"的消费心理。

☆ **专家提醒** ☆

因为本书篇幅原因，AI工具回复的内容只展示部分要点，详细的回复内容，请扫描前言部分的二维码下载完整的指令与回复内容。

深度思考模式的基本特点如下。

（1）思维过程展示：不仅提供问题的答案，还详尽地展示思考的全过程，使用户能够清晰地洞察"机器的思考方式"，如图1-8所示。无论是奥数难题还是生活常识问题，都能为用户呈现出一个完整的分析论证体系。

图1-8 显示DeepSeek的深度思考过程

（2）复杂问题处理：在应对复杂的逻辑推理、数据分析及编程挑战时，DeepSeek表现出卓越的能力，能够从多角度全面审视问题。例如，在探讨"是否应以成败论英雄"时，DeepSeek会综合历史视角、现代社会价值观等多个维度进行论证。

（3）类人推理机制：具备类似人类的推理模式，如自我提疑、回溯思考、不断假设验证等。在遭遇困惑时，甚至会"暂停"思考，展现出"紧张"等情绪反应。

1.2.3 联网探索模式：行业应用趋势

DeepSeek能够利用最新的在线数据来提供答案，这不仅提高了答复的精确度，也保证了信息的新鲜度和相关性。在处理查询任务时，DeepSeek会综合考量多个信息源，从中挑选最恰当的内容，以满足用户的查询需求。下面介绍使用DeepSeek联网搜索模式的操作方法。

步骤01 开启一个新的对话窗口，单击输入区中的"联网搜索"按钮，如图1-9所示。

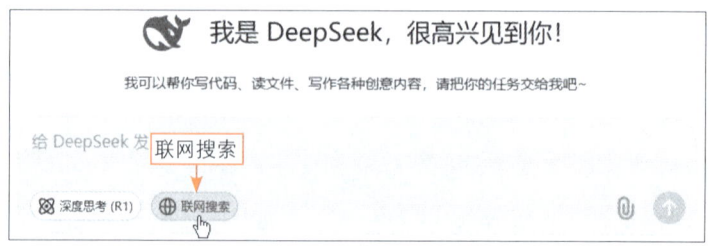

图1-9 单击"联网搜索"按钮

第 1 章　工具一：DeepSeek

步骤 02 在输入框中输入相应的指令，用于指导AI生成特定的内容，按回车键或单击发送按钮⬆，DeepSeek即可根据指令生成相应的内容，相关指令和回复如下。

提问

请结合最新的行业动态，分析并总结2025年人工智能在人力资源管理中的应用趋势。

DeepSeek

2025年人工智能在人力资源管理中的应用趋势分析

1.引言

2025年，人工智能（AI）技术正以前所未有的速度重塑人力资源（HR）管理的格局。随着生成式AI、大语言模型等技术的成熟，HR领域迎来了从传统管理模式向智能化、数据驱动模式的深刻转型。本文将结合最新行业动态，分析2025年AI在HR管理中的主要应用趋势，并探讨其对企业与员工的影响。

2.从采用AI到适应AI：HR的战略转型

2025年，AI的应用已从初步尝试阶段进入全面适应阶段。HR部门需要制定清晰的AI战略，以应对技术变革带来的挑战与机遇。

战略制定：企业需明确AI在HR中的应用方向，例如招聘、绩效管理和员工培训等，并确保这些应用与企业的整体目标一致。

风险管理：HR部门需建立AI应用的监管框架，确保技术的使用符合伦理规范，并避免数据隐私和安全问题。

员工适应：通过培训和透明沟通，帮助员工理解AI的价值，减少对技术替代的焦虑，增强对AI工具的信任。

3.AI在HR核心职能中的应用

AI技术正在深度渗透HR的各个核心职能，提升效率并优化决策。

招聘与选拔：AI驱动的招聘工具可以分析候选人简历、评估候选人技能与岗位的匹配度，甚至对候选人进行初步面试，大幅缩短招聘周期并提高准确性。

……

1.2.4　识别上传内容：总结图片文字

DeepSeek的上传附件自动识别功能，允许用户轻松上传各类文档和图片，并能帮助用户迅速将其中的文字内容提取出来，无须再进行烦琐的手动输入。

对于经常需要处理大量文档的用户来说，这一功能大大提高了工作效率。无论是PDF、Word等格式的文档，还是包含复杂排版和多种字体的图片，DeepSeek都能准确识别其中的文字，并将其转换为可编辑的文本格式，具体操作如下。

步骤01 在DeepSeek页面，❶单击输入区中的"上传附件"按钮 ⓜ；❷上传一张图片，如图1-10所示。

步骤02 在输入框中输入相应的指令，单击发送按钮 ↑，DeepSeek即可根据指令生成相应的内容，相关指令和回复如下。

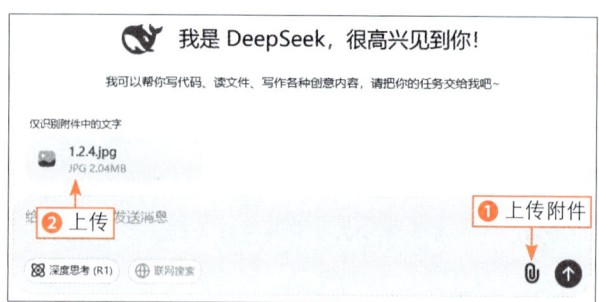

图 1-10 上传一张图片

提问

提取图片中的文字内容并进行总结。

DeepSeek

图片中的文字内容主要介绍了人工智能（AI）技术在摄影领域的应用，特别是AI摄影与传统摄影的结合。以下是总结：

1.AI技术的快速发展：AI技术在许多领域得到了广泛应用，包括摄影。

2.AI摄影的出现：AI摄影为传统摄影开辟了新的发展路径，提供了新的可能性。

3.本章内容：主要介绍AI摄影与传统摄影的相关知识，帮助读者了解这一新兴领域。

总结来说，图片内容强调了AI技术在摄影中的重要性，并介绍了AI摄影与传统摄影的结合及其发展前景。

1.2.5　检索所需内容：AI技术领域

扫码看视频

在信息检索方面，DeepSeek可以查询最新的新闻资讯、政策法规、市场动态等，帮助用户了解科技领域的最新发明、金融市场的实时行情等，相关的指令和回复如下。

提问

请就"2023～2025年间AI技术的革新与应用前景"这一主题，进行广泛的信息检索工作。特别关注该时间段内AI技术领域内的最新研究成果、技术创新点以及这些技术在各行业中的实际应用情况和未来发展前景。在检索过程中，请确保所搜集的资料均来源于权威性的科技期刊、具有广泛影响力的新闻网站或政府机构的正式公告，以保证信息的准确性和权威性。

🐋 **DeepSeek**

在2023年至2025年间，人工智能（AI）技术的革新与应用前景呈现出快速发展的态势。以下是根据权威科技期刊、新闻网站和政府公告整理的相关信息：

1. AI技术的最新研究成果

生成式AI的突破：生成式AI（如GPT-4、DALL·E3等）在自然语言处理、图像生成和视频合成领域取得了显著进展。这些模型能够生成高质量的内容，广泛应用于创意产业、教育和医疗等领域。

多模态AI：多模态AI模型（如OpenAI的CLIP、Google的Gemini）能够同时处理文本、图像、音频和视频等多种数据类型，显著提升了AI在复杂任务中的表现。

AI驱动的科学发现：AI在药物研发、材料科学和气候建模等领域展现出巨大潜力。例如，DeepMind的AlphaFold在蛋白质结构预测方面取得了突破性进展，加速了新药研发进程。

2. 技术创新点

边缘AI：边缘计算与AI的结合使得AI模型能够在本地设备上运行，减少了对云计算的依赖，提升了实时性和隐私保护能力。

AI芯片的优化：专用AI芯片（如NVIDIA的H100、Google的TPUv5）在性能和能效上持续优化，支持更大规模的AI模型训练和推理。

……

1.3 DeepSeek 手机版 AI 办公提效功能

与网页版相辅相成，DeepSeek的手机版同样为用户提供了强大的AI辅助功能，支持随时随地生成工作所需的内容。无论是创意文案的生成、热点信息的获取，还是决策方案的制定，DeepSeek的手机版都能高效协助用户解决实际问题。

用户可以在手机的应用市场App中，❶搜索DeepSeek，找到DeepSeek App的安装包，❷点击"安装"按钮，如图1-11所示，即可下载安装包并自动安装。安装后登录DeepSeek的账号（网页版和手机版账号是通用的），即可随时随地通过手机体验AI服务。本节将详细介绍DeepSeek手机版中的AI办公提效功能。

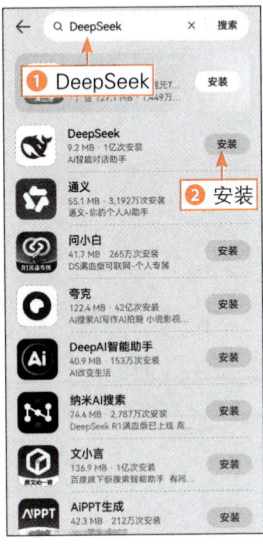

图 1-11 点击"安装"按钮

1.3.1 生成创意文案：蓝牙耳机广告

扫码看视频

DeepSeek App中的AI功能可以帮助用户在短时间内生成创意文案。无论是社交媒体推文、广告文案还是营销邮件，DeepSeek都能根据场景提供个性化建议，具体操作如下。

步骤01 打开DeepSeek App，进入"新对话"界面，点击输入框，在输入框中输入相应的指令，让AI生成蓝牙耳机的广告文案，如图1-12所示。

步骤02 点击发送按钮，便可以得到DeepSeek生成的文案，如图1-13所示。

图 1-12　输入相应的指令

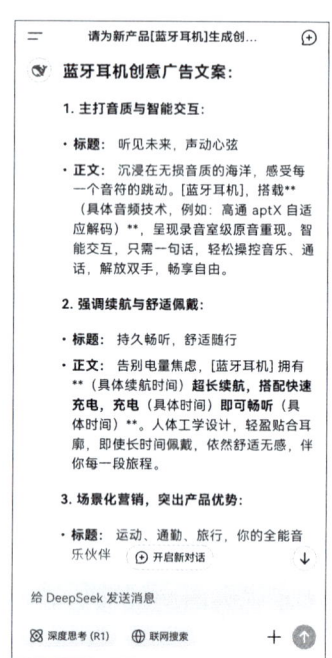

图 1-13　生成的文案（部分）

1.3.2 获取热点信息：环保相关政策

扫码看视频

通过手机版，DeepSeek能够实时提供热点信息，帮助用户掌握最新的行业动态、时事新闻和社会热点，这一功能特别适合需要快速响应市场变化的用户，相关指令和回复内容如下。

提问

我想知道最新的环保政策及相关热点分析。

DeepSeek

环保政策及热点主要集中在以下几个方面：

1.碳中和与碳达峰

中国将力争2030年前实现碳达峰、2060年前实现碳中和。为实现这一目标，政府正推动能源结构调整，减少煤炭依赖，发展可再生能源，如风能、太阳能等。

其他各国等也在加速碳中和进程，其中"绿色新政"和"清洁能源计划"是主要政策工具。

2.可再生能源发展

中国大力推动风电、光伏等可再生能源发展，目标是到2030年非化石能源占一次能源消费比重达到25%左右。

还有许多国家通过补贴和税收优惠鼓励可再生能源发展，国际能源署（IEA）预测，到2025年可再生能源将超过煤炭成为全球最大电力来源。

3.塑料污染治理

中国2021年起实施"禁塑令"，禁止生产和销售一次性塑料制品，推广可降解塑料和循环利用。

其他各国也在推进限塑政策，联合国环境署（UNEP）正推动全球塑料污染治理协议。

4.生物多样性保护

中国2021年启动"中国生物多样性保护战略与行动计划"，在中国昆明举办了《生物多样性公约》第十五次缔约方大会（COP15），推动全球生物多样性保护。

……

1.3.3　制定管理方案：优化项目流程

DeepSeek可以帮助用户解决工作中遇到的复杂业务挑战和管理难题，如制定大型项目的管理方案、分析企业的发展战略等。另外，用户还可以使用DeepSeek对市场数据、科研数据等进行深度挖掘，揭示数据背后的趋势及潜在联系等规律，为决策制定提供有力依据。总之，通过使用DeepSeek，用户可以在办公环境中更加高效地检索信息、整合资源和制定管理决策方案等，进而显著提升工作效率和团队绩效，相关案例的指令和回复如下。

提问

你是一位经验丰富的流程优化咨询师，目前正协助一家新兴科技企业优化其产品孵化流程。该企业面临的核心挑战在于跨部门信息交流障碍，这直接引起了产品上市时间的一再推迟。请构思一系列策略，旨在提升团队协作与沟通的有效性，并构建一套以精益创业理念为指导的项目管理方案。

DeepSeek

优化跨部门协作与沟通，加速产品孵化流程

一、诊断现状，识别痛点

1.流程梳理与瓶颈分析：

绘制现有产品孵化流程图，明确各部门职责、输入输出及关键节点。

识别流程中的瓶颈环节，例如需求传递不清、决策延迟、资源分配冲突等。

分析跨部门沟通现状，包括沟通渠道、频率、内容及效果。

2.问题调研与需求收集：

开展问卷调查或访谈，收集各部门对现有流程的意见和建议。

重点关注沟通障碍的具体表现、原因及对工作的影响。

了解各部门对信息共享、协作工具、沟通机制等方面的需求。

二、构建高效沟通机制

1.建立跨部门沟通平台：

引入协作工具，例如Slack、Microsoft Teams等，创建项目专属频道，方便实时沟通和信息共享。

建立项目知识库，集中存储项目文档、会议纪要、决策记录等，方便团队成员查阅和追溯。

定期组织跨部门会议，例如每日站会、每周迭代会议等，同步项目进展、讨论问题和制定解决方案。

……

1.3.4　解决技术难题：量子计算原理

　　DeepSeek借助先进的自然语言处理和机器学习技术，为用户提供高效、准确的智能答疑服务。无论是像数学分析、物理概念、化学方程等问题，还是像健康建议、旅行攻略等这样的生活常识，抑或是像技术原理、代码错误、代码优化等技术难题，DeepSeek都能给出详尽的回答，相关案例的指令和回复如下。

提问

请你以导师的身份，借助科研领域的常见讲解方法，为研究团队阐述量子计算的基本原理，并分享一些量子计算在前沿科技中的应用实例。

DeepSeek

量子计算：原理与应用

各位同学，大家好！今天我们将一起探讨量子计算这一激动人心的领域。我会从基本原理出发，逐步深入，并结合实际应用案例，帮助大家理解量子计算的巨大潜力。

一、量子计算vs经典计算

经典计算机使用比特（0或1）作为信息的基本单位，而量子计算机则利用量子比特（qubit）进行计算。量子比特的神奇之处在于它可以处于叠加态，即同时是0和1的状态。想象一枚硬币，经典比特只能是正面或反面，而量子比特则可以同时是正面和反面。

二、量子力学的神奇力量

量子计算的力量源于量子力学的几个关键原理：

叠加态：如前文所述，量子比特可以同时处于多个状态，这使得量子计算机能够并行处理大量信息。

纠缠：两个或多个量子比特可以相互纠缠，即使相隔遥远，也能瞬间影响彼此的状态。这种关联性可以用于实现超高速的信息传输和计算。

量子干涉：量子比特之间的干涉效应可以放大正确的计算结果，同时抑制错误的结果，从而提高计算的准确性。

三、量子计算的实现

构建量子计算机需要精密的控制和极低的温度。目前，有多种物理系统被用于实现量子比特，例如：

……

▶ 第 2 章

工具二:文心一言

　　文心一言是一款由百度公司研发的大语言模型,它能够流畅地与用户进行自然语言对话、解答复杂问题、协助内容创作,便捷迅速地帮助用户获取信息、知识和灵感。本章将介绍使用基于文心大模型的文心一言网页版和文小言App进行智能办公的方法,帮助大家快速注册与运用文心一言,利用AI轻松创作出优质的内容,提升职场办公效率。

2.1 文心一言入门

文心一言具备丰富的知识库，能够回答各种学科、领域的问题，提供准确、可靠的信息。它具备强大的自然语言处理能力，能够理解用户输入的指令并完成问答、文本创作、代码查错等多种任务。本节将全面介绍注册并登录文心一言网页版的操作方法，并对其操作界面的各项功能进行讲解。

2.1.1 注册与登录文心一言

扫码看视频

在使用文心一言之前，用户需要先注册一个百度账号，该账号对于两个平台（百度和文心一言）都是通用的。注册与登录文心一言网页版之前，需要打开文心一言的官方网址，单击"立即登录"按钮，即可进行注册与登录操作，具体操作步骤如下。

步骤01 在计算机中打开相应的浏览器，输入文心一言的官方网址，打开官方网站，单击右上角的"立即登录"按钮，如图2-1所示。

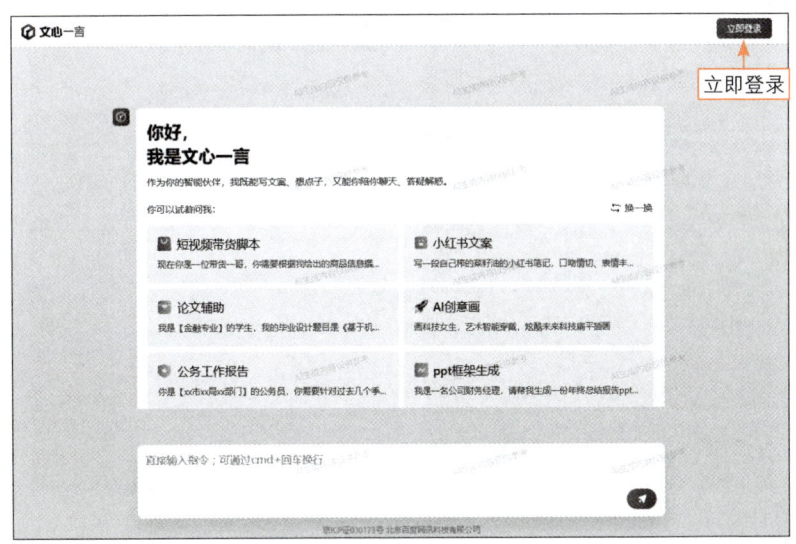

图 2-1 单击"立即登录"按钮

步骤02 打开登录窗口，如果用户已有百度账号，则在"账号登录"面板中直接输入账号（手机号/用户名/邮箱）和密码进行登录，或者使用百度App扫码登录。如果用户没有百度账号，则在窗口的右下角位置单击"立即注册"按钮，如图2-2所示。

图 2-2　单击"立即注册"按钮

步骤 03 打开百度的"欢迎注册"页面，如图2-3所示，输入用户名、手机号、密码和验证码等信息，并勾选下方复选框，然后单击"注册"按钮，即可成功注册账号。

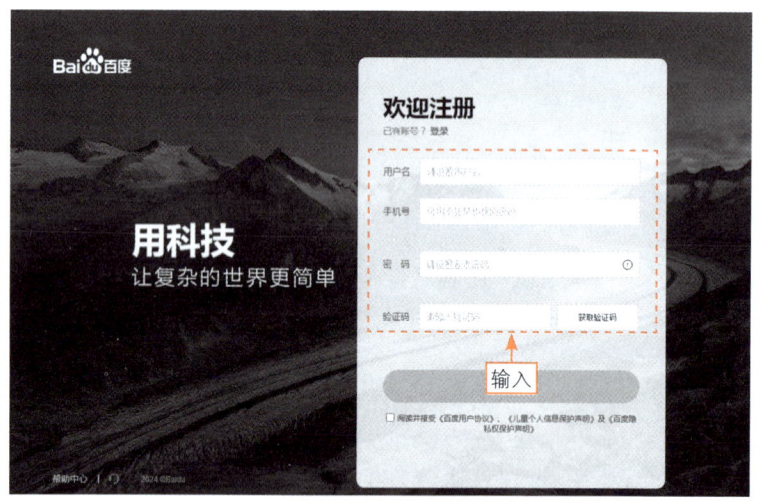

图 2-3　百度的"欢迎注册"页面

2.1.2　了解文心一言的功能页面

文心一言作为百度打造的一款人工智能工具，其页面设计旨在为用户提供便捷、高效的交互体验，其页面中的各项主要功能如图2-4所示。

扫码看视频

图 2-4 "文心一言"页面中的各项主要功能

下面对"文心一言"页面中的主要功能进行讲解。

❶ 模型区：模型区包括文心一言的三大模型，文心大模型3.5、文心大模型4.0、文心大模型4.0 Turbo，后面的版本在技术和应用上相较于前续版本均有所突破。其中，文心大模型3.5是免费提供给用户使用的，后面两种文心大模型需要用户开通会员，才可以使用。

❷ 对话："对话"页面是文心一言的核心功能之一，为用户提供了一个与AI进行自然语言交互的平台。"对话"页面的最下方有一个输入框，供用户输入问题或文本信息。

❸ 百宝箱：百宝箱中有很多AI写作工具，如提效max、AI绘画等。

❹ 开会员：单击"开会员"按钮，在打开的页面中显示了开通会员的相关介绍，如开通价格、权益对比等。该功能是文心一言商业化策略的一部分，旨在为用户提供更多高级功能和更好的使用体验，以满足用户更加个性化的需求。

❺ 欢迎区：显示了文心一言的相关简介和功能，如写文案、想点子、陪聊天及答疑解惑等。

❻ 示例区：对于初次接触文心一言的用户来说，示例区是一个快速了解产品特性和使用方法的途径，该区域提供了多种文案示例，单击相应的文字链接，可以快速查看该文案示例。通过实际操作，用户可以更加直观地了解文心一言的应用场景和优势。

❼ 输入框：用户可以在这里输入想要与AI交流的内容，如提问、聊天等。

用户可以输入各种问题或需求，支持文字输入、文件输入、图片输入等，还可以创建自己常用的指令来提高AI使用效率。

2.2 文心一言网页版 AI 办公提效功能

文心一言作为一款强大的AI工具，网页版提供了多种办公提效功能，帮助用户在文档处理、创意写作和计划制订等方面大幅提高工作效率。无论是文章改写、文案创作还是PPT设计，文心一言都能提供智能支持，简化操作流程，节省时间。本节将详细介绍其中的一些功能及使用场景。

2.2.1 高效改写文章：市场营销策略

在日常工作中，文章的改写和优化是常见的需求。例如，当用户需要对市场营销策略的相关文章进行改写时，文心一言的AI改写功能可以帮助用户快速优化文章表达。用户只需将原文粘贴或上传到文心一言网页平台，AI将基于上下文语义进行智能调整，使文章表达更加流畅，逻辑更加清晰，同时保持原文的核心信息不变。

对于希望提升文章质量的用户，这项功能既省时又高效。下面介绍使用文心一言改写文章的操作方法。

步骤01 打开文心一言的"对话"页面，在输入框的上方单击"文件"按钮，打开相应面板，单击"点击上传或拖入文档"按钮，弹出"打开"对话框，在其中选择需要改写的文件，如图2-5所示。

步骤02 单击"打开"按钮，即可上传文件，并显示在输入框中，如图2-6所示。

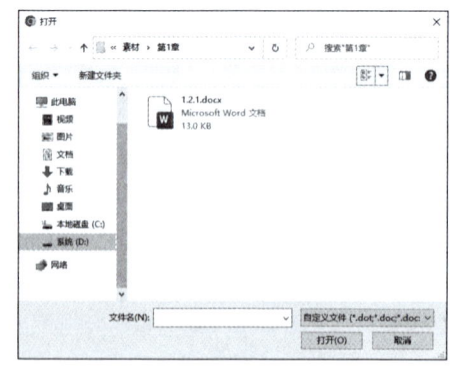

图 2-5 选择需要改写的文件

图 2-6 上传文件并显示在输入框中

第 2 章 工具二：文心一言

步骤 03 在输入框中输入相应的指令，按"Enter"键发送，便可以得到文心一言改写的文章内容，相关指令和回复内容如下。

提问

请改写上传的文章，要求语言风格专业、正式，具有说服力，补充市场分析，并强调产品的独特卖点，使文章更具吸引力。

文心一言

虚拟试衣：重塑时尚零售的未来市场营销策略

在科技日新月异的今天，虚拟试衣技术已从理论构想跃然成为现实应用，深刻重塑着时尚零售行业的格局。这一技术的兴起，不仅极大地提升了消费者的购物体验，更为品牌商开辟了前所未有的市场营销蓝海。本文旨在深入探讨如何利用虚拟试衣技术，结合精准的市场分析与独特的卖点阐述，构建一套专业、正式且极具说服力的市场营销策略，以吸引并稳固顾客群体。

一、市场分析与趋势洞察

……

二、产品独特卖点与核心竞争力

……

三、市场营销策略创新

……

☆ **专家提醒** ☆

因为本书篇幅原因，AI工具回复的内容只展示部分要点，详细的回复内容请查看随书提供的"案例指令与回复"。

2.2.2 智能生成方案：年度销售计划

在日常的企业管理中，制订详细且切实可行的年度计划是非常关键的任务，通常需要大量时间和数据支持。例如，拟定一份年度销售计划，它涉及市场策略、目标设定、产品规划和销售渠道的制定。然而，借助文心一言，用户可以大大简化这一过程，AI可以根据提供的关键信息和企业数据，自动生成结构化的年度销售计划，帮助管理层快速掌握业务方向，提升效率，相关案例的指令和回复如下。

扫码看视频

021

提问

我在公司担任销售经理一职,主要负责销售公司研发的一系列智能电子产品,请帮我撰写一份2025年的年度销售计划。

文心一言

2025年度智能电子产品销售计划

一、前言

随着科技的飞速发展,智能电子产品市场正经历着前所未有的变革与增长。2025年,作为公司销售经理,我将引领团队把握市场脉搏,深化产品创新,优化销售策略,以实现公司销售目标的跨越式增长。本计划旨在明确年度销售目标、市场策略、产品规划、渠道拓展、团队建设及客户服务等方面的具体举措。

二、销售目标

……

三、市场策略

……

四、产品规划

……

五、渠道拓展

……

2.2.3 深度创作文案:品牌推广方案

对于市场营销或广告行业的从业者来说,创意文案的撰写是一项极具挑战性的任务。文心一言可以帮助用户深度创作富有创意和感染力的文案。例如,当用户需要撰写品牌推广方案时,AI将根据品牌定位、目标客户群和市场趋势,生成一份逻辑清晰且创意十足的文案,既能吸引受众的注意力,又能够有效传递品牌信息,相关案例的指令和回复如下。

扫码看视频

提问

请结合品牌定位、目标客户群和市场趋势等,帮我创作一篇关于"红雀时尚女鞋"的品牌推广方案,核心目标是吸引年轻消费者、提升销量、推广品牌、增强品牌忠诚度。

文心一言

红雀时尚女鞋品牌推广方案

一、品牌定位重塑

品牌定位:红雀时尚女鞋,定位于"年轻、潮流、舒适与个性并存"的高端女鞋品牌。

我们致力于为追求时尚与舒适并重的年轻女性打造独一无二的鞋履体验，让每一步都成为自信与风格的展现。

品牌理念："红雀翩跹，步步生莲"——寓意着每一位穿上红雀女鞋的女性都能如红雀般优雅灵动，在生活的每一个舞台上翩翩起舞，留下独特而美丽的足迹。

二、目标客户群分析

目标客户群：主要面向18～35岁的年轻女性，包括学生、职场新人、时尚博主、白领及都市丽人等。这部分人群注重个性表达，追求时尚潮流，同时也不忘舒适与健康，对品质与设计有着较高的要求。

……

三、市场趋势把握

……

四、推广策略

……

2.2.4 批量点评文章：学生作文集

在教育领域，老师经常需要批改大量学生作文。文心一言的AI功能可以为教育工作者提供帮助。用户可以将学生作文集上传到平台，AI将自动识别每篇作文的内容，并从写作技巧、语言表达、逻辑结构等多个维度进行点评，提出改进建议。这不仅大大减少了人工批改的时间，还能确保每篇作文的反馈准确且具有针对性，具体操作步骤如下。

步骤01 打开文心一言的"对话"页面，❶在输入框的上方单击"文件"按钮；❷上传学生作文集文档，如图2-7所示。

图2-7 上传学生作文集文档

步骤02 在输入框中输入相应的指令，按"Enter"键确认，便可以得到文心一言批量点评的内容，相关指令和回复内容如下。

提问

上传的文档中有4名学生写的作文,请以六年级的作文标准,从主题、结构、语言等维度评阅文档中的学生作文,并分维度以表格形式生成作文评语,并根据内容的语法正确性、拼写准确性、句子结构、修辞手法等,给作文评分,评分区间为0~100分。

文心一言

以下是根据提供的四篇学生作文,从主题、结构、语言等维度进行的评阅,并以表格形式生成的作文评语,同时给出了每篇作文的评分(0~100分)。

学生姓名	主题明确性	结构完整性	语言表达	语法/拼写	修辞手法	总分
周晓明	明确,围绕"稳稳"这一宠物展开	结构清晰,开头引入,中间叙述,结尾总结	语言流畅,情感真挚	少量语法错误,拼写准确	使用拟人修辞,增强情感表达	90
陈海沫	明确,聚焦于"小花"的特点与陪伴	结构合理,层次分明	语言柔和,情感细腻	语法准确,拼写无误	通过细节描写展现情感	92
黎强	明确,展现了"皮皮"的活泼与忠诚	结构完整,叙述有条理	语言生动,富有活力	有个别语法小错误,拼写基本准确	运用对话形式,增加趣味性	88
杨语林	明确,围绕"乐乐"的聪明与活泼	结构清晰,过渡自然	语言丰富,善用修辞手法	语法准确,拼写无误	模仿与对话增强互动性	94

详细评语
……

☆ 专家提醒 ☆

用户利用文心大模型3.5版本批量点评作文时,可以按照"第一篇""第二篇"标序的形式将多篇作文分篇存入一个文件中,如上例,并将文件名改为"×篇小学生作文"。

例如"三篇小学生作文",用户在输入指令之前,先说明文件中有三篇小学生作文,文心一言可以自动识别这些作文,并根据指令对文件进行批量点评。

2.2.5 PPT创新设计:产品发布会演示

扫码看视频

文心一言的AI功能还可以帮助用户快速制作高质量的PPT。例如,当用户需要制作产品发布会演示PPT时,只需提供一些基本的演示内容，如产品特点、市场优势等，AI即可生成符合企业形象的PPT模板，并自动添加适当的图表和视觉元素，使PPT更加专业且富有创意。这项功能对于需要频繁制作演示文稿的职场人士来说尤为实用，相关案例的指令和回复如下。

提问

假如你是一位资深的产品发布会策划人，现在需要你设计一份产品发布会演示PPT，请根据以下主题来构建这份PPT的核心内容框架。主题为"未来触手可及：慧芯智能手表新品发布"，内容包括市场分析与定位、产品特性与优势、目标用户群体、竞争对手分析、产品演示与体验、定价策略与销售渠道、客户反馈与市场预期、风险评估与应对策略，要求信息精练、视觉呈现专业，能够突出产品的核心价值。

文心一言

PPT标题页：
标题"未来触手可及：慧芯智能手表新品发布会"
副标题"探索智能生活的无限可能"
……
目录页：
1.引言：开启智能新篇章
2.市场分析与定位
3.产品特性与优势
4.目标用户群体
5.竞争对手分析
6.产品演示与体验
7.定价策略与销售渠道
8.客户反馈与市场预期
……

2.3 文小言 AI 办公提效功能

文小言App作为文心一言的手机版，同样提供了丰富的AI办公提效功能。用户可以在手机的应用市场中，搜索"文心一言"或"文小言"，找到文小言App的安装包，点击"安装"按钮，即可下载安装包并自动安装。安装完成后登录文心一言的账号（网页版和手机版账号是通用的），即可随时随地通过手机完成诸如书写发言稿件、解析摄影作品、广告创意设计及撰写短视频文案等任务。其便捷性和强大的AI算法让用户即便在移动端也能享受到高效的办公体验。本节将详细介绍这些功能及其使用场景。

2.3.1　书写发言稿件：公司年会致辞

文小言App中的AI功能可以帮助用户在短时间内生成高质量的发言稿。例如，当用户需要准备公司年会致辞时，AI将根据用户提供的要点生成一篇结构完整、语言得体的发言稿。发言稿不仅能够涵盖公司的年度业绩、未来目标等内容，还可以通过AI优化语言表达，使发言更加富有感染力。

用户在输入指令之前，首先要明确指令的目标，即你是什么身份，想要生成一篇什么类型的发言稿，明确发言稿的主题、字数、语言风格等要求，具体操作步骤如下。

步骤01 打开文小言App，进入"对话"界面，点击输入框，如图2-8所示。

步骤02 在输入框中输入相应的指令，提出要求，让AI撰写发言稿，如图2-9所示。

步骤03 点击发送按钮 ，便可以得到文小言生成的发言稿，如图2-10所示。

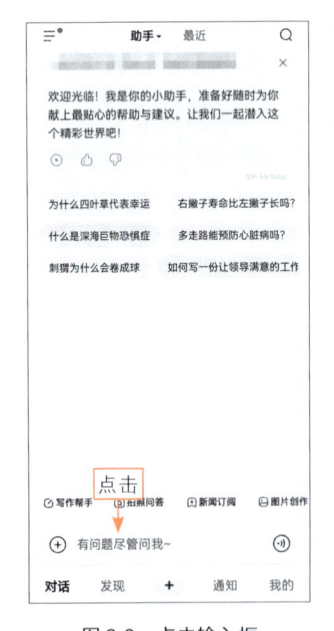

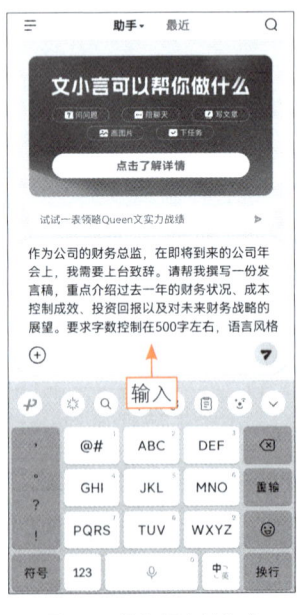

图 2-8　点击输入框　　　图 2-9　输入相应的指令　　　图 2-10　生成的发言稿

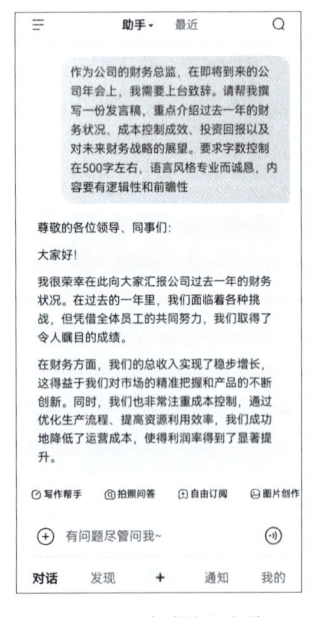

2.3.2 解析摄影作品：古镇航拍

文小言App能够利用深度学习算法对照片进行智能识别，快速捕捉图像中的关键元素，如人物、景物、色彩及构图等，进而分析照片的主题和内容。相比人工解析，文小言能够更细致地观察照片中的每一个细节，包括光影变化、色彩搭配、纹理质感等，从而更全面地解析摄影作品，对照片进行多维度的解读和评价。

用户在文小言App中输入指令时，尽量提供具体、详细的细节和信息，以及希望AI从哪些方面来解析摄影作品，如主题、构图、光线、色彩、细节及情感表达等方面，这样可以帮助AI更好地理解需求，从而生成更准确、具体的回复，具体操作步骤如下。

步骤01 打开文小言App，进入"对话"界面，点击输入框左下角的⊕按钮，打开相应面板，在其中选择一张古镇航拍摄影作品，如图2-11所示。

步骤02 执行操作后，进入相应界面，上方显示了刚刚上传的摄影作品，如图2-12所示。

图 2-11 选择一张古镇航拍摄影作品

图 2-12 显示上传的作品

步骤03 在输入框中输入相应的指令，点击发送按钮 ⚆，便可以得到文小言对摄影作品的解析结果，相关指令和回复内容如下。

提问

请从专业摄影的角度，从艺术、光线、色彩、主题以及构图等方面来分析这张古镇航拍摄影作品，帮助摄影新手提升摄影技能，掌握专业的摄影知识。

文小言

这张古镇航拍摄影作品从艺术、光线、色彩、主题以及构图等方面都展现出了摄影师的精湛技艺和独特视角，对于摄影新手来说，无疑是一个极佳的学习范例。以下是对该作品的专业分析。

艺术表现：

航拍视角赋予了古镇一种全新的、宏伟的视觉效果……

光线运用：

光线在摄影中起着至关重要的作用。在这张作品中，摄影师巧妙地利用了自然光，通过侧光或逆光等手法，突出了古镇建筑的轮廓和纹理，增强了画面的立体感和层次感……

色彩运用：

色彩是摄影中表达情感和氛围的重要元素。在这张作品中，摄影师选择了较为自然和真实的色彩，使得古镇的色彩更加饱满和丰富……

主题选择：

古镇作为摄影的主题，具有独特的历史和文化价值。摄影师通过航拍的方式，将古镇的全貌和细节都完美地呈现在观众眼前……

构图技巧：

……同时，摄影师还通过调整画面的比例和布局，突出了古镇的主要特征和亮点，使得画面更加紧凑有序。

综上所述，这张古镇航拍摄影作品是一个极佳的学习范例。对于摄影新手来说，通过学习和分析这张作品，可以掌握更多的摄影知识和技巧，提升自己的摄影技能……

2.3.3　广告创意设计：电子商务推广

在文小言App中，用户可以在指令中加入广告产品、产品信息及电商平台等内容，AI将根据电商平台的特点、目标用户群体及产品定位，生成一份具有创意的广告文案。无论是线上推广还是社交媒体广告，AI生成的文案都能帮助用户精准传达信息，吸引目标客户，相关案例的指令和回复如下。

提问

生成一份环保时尚系列的电子商务推广文案，目标是年轻的环保意识消费者，强调可持续材料和独特设计，8折优惠，语言风格轻松幽默，适合各大社交媒体平台，150字以内。

文小言

环保也能很潮？没错！我们的环保时尚系列来啦！用可持续材料打造独特设计，让你的每一步都走在时尚前沿，同时守护地球妈妈。别担心，我们没忘记给钱包减负，现在全场8折优惠，让你美得毫不费力！

快来抢购，让你的衣橱变身环保小能手，告诉世界：时尚与环保，我全都要！

#环保时尚# #独特设计# #8折优惠#

2.3.4 撰写短视频文案：美食探店

短视频内容创作是当今内容创作者的重要任务之一。利用文小言App的文案撰写功能，用户可以轻松生成吸引眼球的短视频文案。例如，在制作美食探店类短视频时，用户只需输入餐厅特点、美食品类等信息，AI将生成一段生动有趣的文案，帮助用户快速制作出与视频画面高度契合的脚本，使观众更加投入和感兴趣，相关案例的指令和回复如下。

提问

生成一段美食探店类的短视频文案，视频长度30秒，要求：突出夜市特色小吃和文化，风格轻松幽默，适合年轻人。

文小言

【镜头开启，热闹的夜市背景音】

旁白（充满活力地）："嘿，小伙伴们，今晚咱们不走寻常路，直击夜市的心脏地带！"

【镜头转向熙熙攘攘的人群，各色小吃摊】

旁白（幽默风趣）："瞧这人气，比网红直播还火！每个人都是美食侦探，就差你一个啦！"

【特写镜头：香气四溢的小吃】

旁白（故作神秘）："来来来，揭秘夜市隐藏菜单！这金黄酥脆的炸鸡排，咬一口，咔嚓作响，简直是味蕾的小确幸！"

【快速切换至其他小吃：糖葫芦、烤冷面、臭豆腐】

旁白（语速加快，兴奋）："别忘了那酸甜可口的糖葫芦，每一颗都是童年的回忆杀！还有烤冷面，Q弹有嚼劲，配上秘制酱料，绝了！至于臭豆腐嘛，爱它的人懂它的香，你懂的！"

【镜头拉远，展现夜市的灯火辉煌】

……

▶ 第 3 章

工具三：WPS AI

　　WPS AI是金山办公推出的一款具备大语言模型能力的生成式人工智能应用，也是中国协同办公领域的首个类ChatGPT式应用。它旨在通过AI技术提升用户在办公、写作和文档处理方面的工作效率和体验。本章将全面介绍WPS AI的核心功能与操作页面，并通过案例对其常用功能与擅长领域进行分析，可以大大提高用户的办公效率。

3.1 WPS AI 网页版 AI 办公提效功能

WPS AI是非常实用的AI办公助手，可以通过自然语言处理技术，自动识别、分析和处理数据，理解用户的意图和需求，提供个性化的解决方案。WPS AI提供了全面的应用渠道，包括网页端、电脑桌面应用软件及手机App，让用户可以在不同的设备上灵活使用，享受智能化的办公体验。

本节主要介绍如何打开并登录WPS AI网页平台，并对其操作页面的主要功能进行讲解，帮助用户更好地掌握WPS AI的强大功能，提高办公效率。

3.1.1 打开并登录WPS AI平台

WPS AI可根据用户的需求，自动生成文档、表格、幻灯片等各类办公文件。用户只需简单描述或输入关键词，WPS AI即可提供丰富的模板和素材，帮助用户快速完成工作。用户在使用WPS AI进行智能办公之前，首先需要打开并登录WPS AI平台，具体操作步骤如下。

步骤01 在计算机中打开相应的浏览器，输入WPS AI的官方网址，打开官方网站，如图3-1所示，随后单击右上角的"登录"按钮。

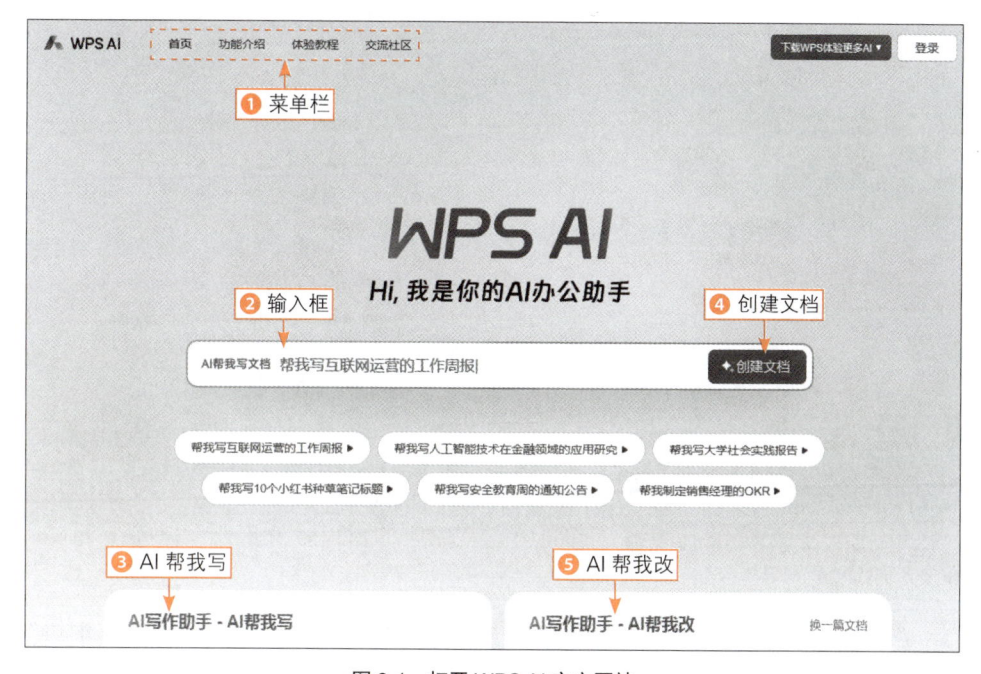

图 3-1 打开 WPS AI 官方网站

☆ 专家提醒 ☆

WPS AI的网页页面采用简洁明了的布局,下面对WPS AI页面中的主要功能进行讲解。

❶ 菜单栏:位于页面顶部,包括"首页""功能介绍""体验教程""交流社区"4个菜单,单击相应的菜单标签,可以展开相应的功能,或打开相应的页面。单击"功能介绍"菜单,在打开的下拉菜单中可以使用WPS AI的常用功能。

❷ 输入框:在输入框中可以输入关键词或描述,向WPS AI提出问题、请求帮助、发起对话或下达指令,这是用户与WPS AI进行互动的主要方式之一。

❸ AI帮我写:这是一个强大的智能写作辅助工具,它基于人工智能技术,为用户提供了一系列便捷的写作支持功能,涵盖PPT大纲、工作周报、工作汇报、心得体会等多种类型,用户可以根据需要选择合适的模板进行编辑和使用。

❹ 创建文档:在输入框中输入相关内容后,单击"创建文档"按钮,可以快速创建或生成用户想要的文档内容。

❺ AI帮我改:在该区域中,为用户提供了一系列便捷的文本修改和优化服务,AI会智能分析文本内容,提供润色建议,使文本表达更加准确、流畅。

步骤02 执行操作后,进入"微信扫码登录"页面,如图3-2所示,用手机打开微信中的"扫一扫"功能,扫描图片中的二维码登录。

图3-2 进入"微信扫码登录"页面

步骤03 扫码登录成功后,页面中打开相应的窗口,要求用户绑定手机号,如图3-3所示。

步骤04 输入手机号码与验证码,单击"立即绑定"按钮,即可绑定手机号并登录WPS AI。页面中将打开相应窗口,提示用户获得15天AI会员,单击"知道了"按钮，如图3-4所示，即可使用WPS AI的会员功能。

图 3-3　要求用户绑定手机号

图 3-4　单击"知道了"按钮

3.1.2　AI起草：服务合同模板

> 扫码看视频

WPS AI通过大语言模型技术，能够迅速理解用户的需求，并基于合同或协议的常见结构和内容，快速起草一份合同初稿，以节省用户在书写标准化合同或协议时的时间。

进入WPS AI主页，在输入框中输入相应的指令，单击"创建文档"按钮，即可快速起草一份通用的服务合同模板，相关案例的指令和回复如下。

👤 提问

> 创建一份标准且通用的服务合同模板，可以用于各种服务合同，比如咨询服务、技术支持、设计服务、培训服务等。合同要包含双方基本信息、服务内容、服务期限、费用和支付方式、双方的权利与义务、违约责任、合同的变更和解除以及争议解决等关键条款，确保符合当前法律法规要求。

🅰 WPS AI

> 服务合同模板
> 合同编号：[填写编号]
> 签订日期：[填写日期]
> 甲方（委托方）：

- 公司名称：_____
- 法定代表人/负责人：_____
- 注册地址：_____
- 联系电话：_____
- 电子邮箱：_____

乙方（服务提供方）：
- 公司名称：_____
- 法定代表人/负责人：_____
- 注册地址：_____
- 联系电话：_____
- 电子邮箱：_____

鉴于甲方有需求，乙方具备提供相应服务的能力和资质，双方经友好协商，根据相关法律法规的规定，就以下服务事项达成一致，签订本合同。

……

3.1.3　AI撰写：会议通知

在传统的人工撰写方式下，员工需要手动搜集、整理和编写会议通知的相关信息，这个过程不仅耗时费力，还容易出错。而WPS AI则具有自动化处理的优势，可以通过自然语言处理技术，自动抓取会议的相关信息，如时间、地点、议程等，并快速生成格式规范的会议通知，大大减轻了员工的工作负担，提高了工作效率，相关案例的指令和回复如下。

提问

请帮我撰写一份会议通知。内容包括：

会议主题：关于智能穿戴设备市场分析与策略规划；会议时间：2026年3月20日上午9点；会议地点：公司三楼会议室；参会人员：王强、赵敏、孙涛、周梅、吴刚、钱伟、孙燕；会议的主要议程和需要参会人员注意的事项。请确保语言正式、清晰，包含所有必要的会议信息。

WPS AI

主题：关于智能穿戴设备市场分析与策略规划会议通知

尊敬的参会人员：

您好！

为了深入探讨智能穿戴设备市场的最新动态，明确我们的市场定位，并规划出更加科学合理的市场策略，公司决定召开一次专题会议。现将会议相关事宜通知如下：

一、会议主题
关于智能穿戴设备市场分析与策略规划
二、会议时间
2026年3月20日（星期一）上午9点
三、会议地点
公司三楼会议室
四、参会人员
王强、赵敏、孙涛、周梅、吴刚、钱伟、孙燕
五、会议议程
1.开场致辞与会议目的介绍（主持人）
2.智能穿戴设备市场现状分析报告（报告人：孙涛）
市场规模与增长趋势
主要竞争对手分析
……

3.1.4　AI创建：客户关系交接表

WPS AI不仅可以生成文本，还能够自动创建各种结构化的表格，帮助用户处理复杂的业务需求。在WPS AI首页，用户只需输入简单的指令，例如"客户关系交接表"，AI将自动生成一份涵盖主要字段的表格，方便用于企业内部的客户交接和管理，相关案例的指令和回复如下。

提问

请创建一份空白的客户关系交接表，以表格的形式。

WPS AI

当然，以下是一个简单的客户关系交接表的空白模板，您可以根据具体需求进行修改和扩展：

序号	客户信息	交接前负责人	交接后负责人	交接日期	交接内容简述
1					
2					
3					
4					
5					

说明：

序号：填写交接项目的序号，方便跟踪和记录。

客户信息：填写客户的详细信息，如客户名称、联系方式、业务类型等。

交接前负责人：填写在交接前负责该客户的员工的姓名或工号。

交接后负责人：填写在交接后将负责该客户的员工的姓名或工号。

交接日期：填写交接发生的具体日期。

交接内容简述：简要描述交接的具体内容，包括客户的当前状态、重要事项、待办事项等。

您可以根据需要调整表格的列名和内容，以更好地满足您的业务需求。

3.2 WPS AI 电脑版 AI 办公提效功能

WPS AI电脑版为用户提供了更多AI办公功能，涵盖从文档排版到数据分析，从PPT生成到PDF文档要点总结等一系列任务。本节将重点介绍WPS AI电脑版中的AI办公提效功能。

3.2.1 下载与安装WPS Office

通过安装WPS Office电脑版，用户可以更灵活地利用这些AI功能，并结合本地文件进行操作。下面介绍下载与安装WPS Office的操作方法。

步骤01 在WPS AI官方网站中，❶单击右上角的"下载WPS体验更多AI"下拉按钮；❷在打开的下拉列表框中选择"Windows版"选项，如图3-5所示。

图3-5 选择"Windows版"选项

步骤02 弹出"新建下载任务"对话框，单击"下载"按钮，如图3-6所示，即可将软件安装包下载至计算机中。

第 3 章　工具三：WPS AI

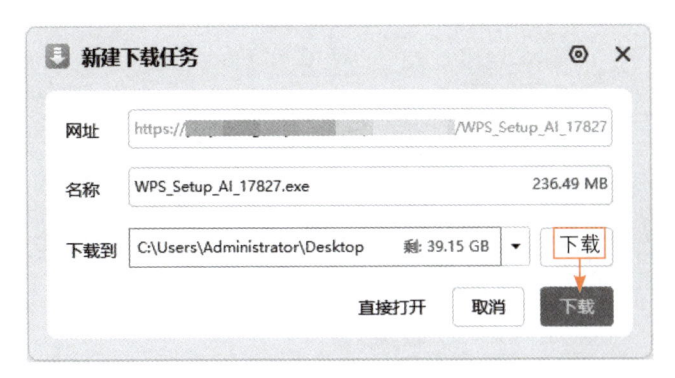

图 3-6　单击"下载"按钮

步骤 03 双击安装包，打开安装界面，❶选择左下角的"已阅读并同意金山办公软件许可协议和隐私政策"复选框；❷单击"立即安装"按钮，如图3-7所示，稍等片刻，即可完成安装。

图 3-7　单击"立即安装"按钮

3.2.2　AI排版：项目进度报告

扫码看视频

在WPS文档中，使用AI技术可以一键排版文档内容。例如，排版一份项目进度报告文档，WPS AI能够根据文档内容自动进行段落划分、标题设置、字体调整等，使文档结构更加清晰，提升阅读体验，具体操作步骤如下。

步骤 01 打开一个WPS文档，需要通过WPS AI对文档内容进行一键排版，在菜单栏中单击WPS AI标签，如图3-8所示。

037

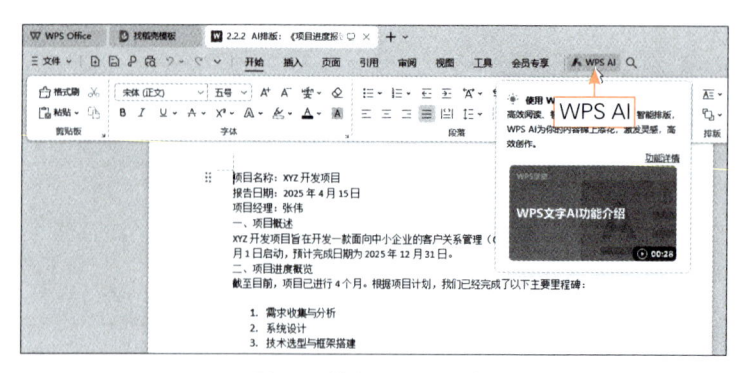

图 3-8　单击 WPS AI 标签

步骤 02 打开下拉列表框，选择"AI排版"选项，如图3-9所示。

步骤 03 打开"AI排版"面板，单击"通用文档"中的"开始排版"按钮，如图3-10所示。

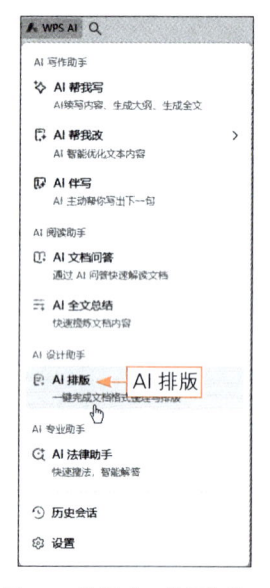

图 3-9　选择"AI 排版"选项　　　　图 3-10　单击"开始排版"按钮

步骤 04 稍等片刻，即可开始排版，并打开相应面板，单击"应用到当前"按钮，如图3-11所示。

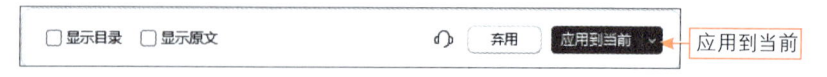

图 3-11　单击"应用到当前"按钮

第 3 章 工具三：WPS AI

步骤 05 执行操作后，即可完成排版操作，效果如图3-12所示。

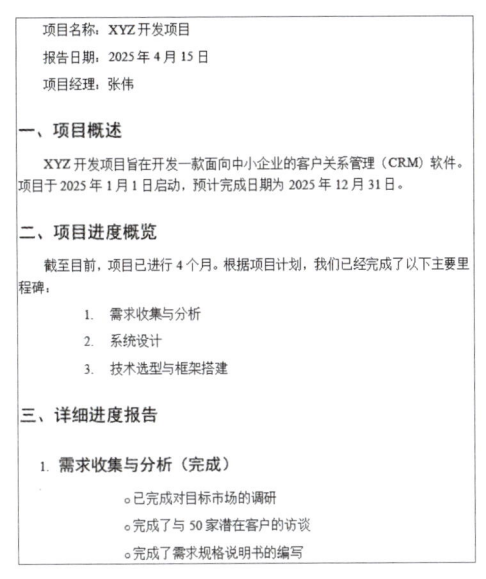

图 3-12　AI 排版效果（部分内容）

3.2.3　AI帮我写：物品管理手册

使用WPS中的"AI帮我写"功能，可以让AI创建一份物品管理手册，帮助企业或个人更好地管理其物品，确保物品的安全性、合规性和有效性，具体操作步骤如下。

步骤 01 打开WPS Office，单击"新建"|"文字"按钮，如图3-13所示。

步骤 02 进入"新建文档"界面，单击"AI帮我写"缩略图，如图3-14所示。

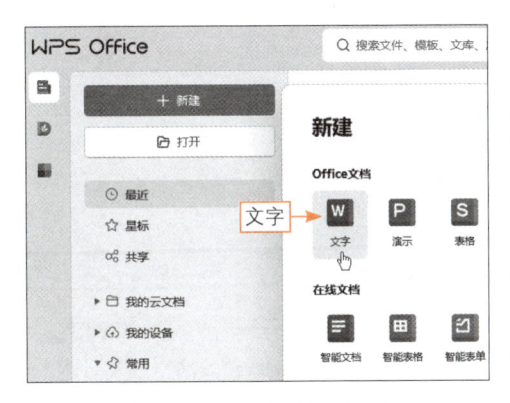

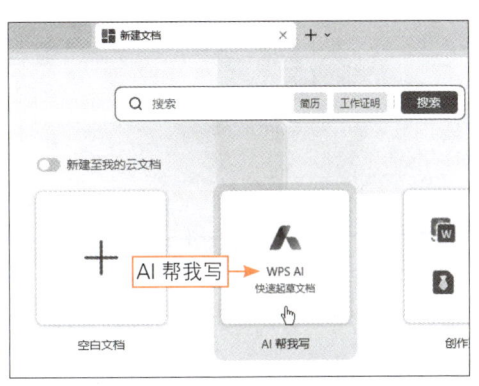

图 3-13　单击"文字"按钮　　　　图 3-14　单击"AI 帮我写"缩略图

039

步骤 03 执行操作后，即可快速创建一个WPS文档，并唤起WPS AI输入框，如图3-15所示。

图 3-15　唤起 WPS AI 输入框

步骤 04 在输入框中输入指令，按"Enter"键发送指令，稍等片刻，即可获得AI创建的物品管理手册，相关指令和回复内容如下。

提问

请编写一份详细的物品管理手册，内容应涵盖物品分类、登记、存储、维护、盘点和报废等管理流程。手册需要包含清晰的步骤说明、责任分配以及必要的表格和记录格式。请确保手册内容条理清晰、易于理解，并且适合不同部门和员工使用。

WPS AI

物品管理手册
目录
1.物品分类
2.物品登记
3.物品存储
4.物品维护
5.物品盘点
6.物品报废
7.附录：表格和记录格式
……

3.2.4　AI帮我改：书店种草文案

在WPS文档中，使用"AI帮我改"功能，可以润色、缩写、扩写及转换风格等。例如，让AI润色书店种草文案，可以帮助用户改进文案内容的质量和可读性，具体操作步骤如下。

第3章 工具三：WPS AI

步骤01 打开一个WPS文档，选择需要AI进行润色的文本内容，如图3-16所示。

步骤02 ❶在菜单栏中单击WPS AI标签，打开下拉列表框；❷选择"AI帮我改"|"润色"|"更活泼"选项，如图3-17所示。

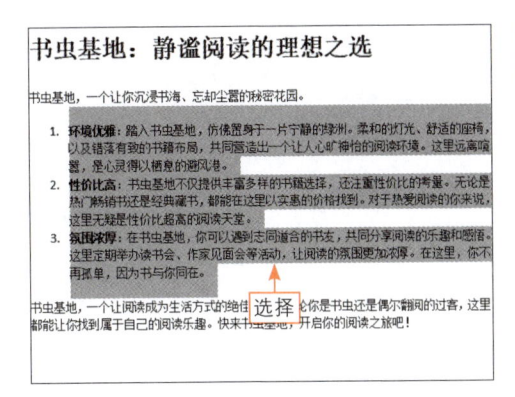

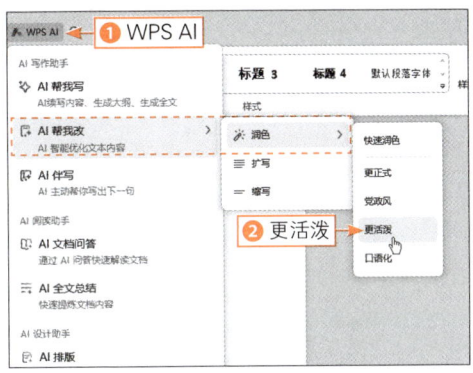

图 3-16　选择文本内容　　　　　图 3-17　选择"更活泼"选项

步骤03 稍等片刻，即可获得AI修改的内容，具体如下。

WPS AI

> 哇，一踏进书虫基地，就像闯进了一片静谧的绿洲！柔和的灯光洒在舒适的座椅上，错落有致的书籍布局让整个空间仿佛是为阅读而生的天堂。这里远离尘嚣，简直就是心灵的避风港湾！
>
> 性价比？书虫基地可是个宝藏地！不仅有琳琅满目的书籍任你挑选，价格还超级亲民。无论是畅销书还是经典之作，这里都能让你以实惠的价格抱回家。对于书虫们来说，这里简直是性价比爆表的阅读乐园！
>
> 氛围浓厚得不得了！在书虫基地，你总能遇到和你一样热爱阅读的小伙伴，一起分享阅读的喜悦和心得。这里还定期举办各种读书会、作家见面会等活动，让阅读的氛围更加浓厚。在这里，你永远不会孤单，因为书本永远是你的挚友！

3.2.5　AI文本生成表格：项目详情

WPS AI支持"文本生成表格"功能，能够智能识别文本中的关键信息并转换为规范的表格格式，使数据或文本内容更加清晰、有序，便于分析和处理。例如，让AI将公司各大项目详情文本转换为简单明了的表格，具体操作步骤如下。

步骤01 打开一个WPS文档，其中是各大项目的详细信息，需要利用WPS

AI将文本内容转换为表格，❶按"Ctrl+A"组合键全选文本内容，连续按两下"Ctrl"键，唤起WPS AI；❷在输入框下方的列表框中选择"更多AI功能"|"文本生成表格"选项，如图3-18所示。

图3-18 选择"文本生成表格"选项

步骤02 执行操作后，即可切换为"文本生成表格"模式，在输入框中会自动输入指令，发送指令后即可获得AI转换的表格，相关指令和回复内容如下。

提问

请把选中文本转换为表格。

WPS AI

公司主要项目信息表

项目名称	开始日期	结束日期	负责人	预算	状态
AI研发项目	2025年1月15日	2025年12月31日	张三	500万	项目正在进行中，团队正在按计划推进研发工作。
市场推广活动	2025年2月1日	2025年4月30日	李四	200万	该项目已经顺利完成，市场推广活动达到了预期的效果。
新产品测试	2025年3月1日	2025年5月31日	王五	300万	由于在测试过程中遇到了一些技术难题，项目进度有所延误，目前状态为延期。
客户服务改进	2025年4月10日	2025年7月20日	赵六	150万	项目正在积极推进中，团队正致力于提升客户服务的质量和效率。

3.2.6 AI条件格式：产品预售额

WPS的表格"AI条件格式"功能可以帮助用户快速实现条件标记。例如，让AI标记产品的预计销售额少于100000元的数据，使表格中的目标数据高亮显示，达到用户想要的标记结果，具体操作步骤如下。

步骤01 在WPS中打开一个工作表，如图3-19所示，需要将预计销售额少于100000元的单元格标记出来。

序号	销售地区	产品	单价/元	预计销量	预计销售额/元
			产品预售额统计表		
1	广州	产品A	110	1000	110000
		产品B	70	800	56000
		产品C	140	1800	252000
2	武汉	产品A	110	755	83050
		产品B	70	600	42000
		产品C	140	2000	280000
3	长沙	产品A	110	2200	242000
		产品B	70	1300	91000
		产品C	140	1500	210000
			预计销售总额		1366050

图 3-19　打开一个工作表

步骤02 ❶ 在菜单栏中单击WPS AI标签，打开下拉列表框；❷ 选择"AI条件格式"选项，如图3-20所示。

步骤03 打开"AI条件格式"面板，在输入框中输入指令"将预计销售额少于100000的单元格标记为红色"，如图3-21所示。

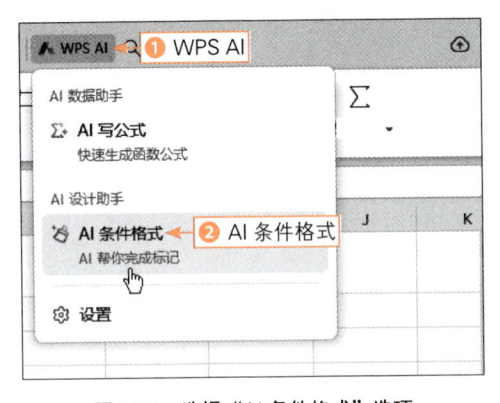

图 3-20　选择"AI条件格式"选项

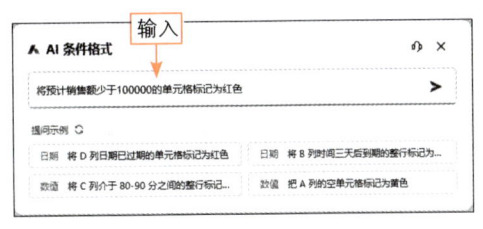

图 3-21　输入指令

步骤04 发送指令后，AI即可开始执行指令，在表格中标记符合条件的数据单元格，如图3-22所示。

步骤05 确认标记无误后，在"AI条件格式"面板中单击"完成"按钮，如图3-23所示，即可完成AI按条件标记数据的操作。

图3-22　标记符合条件的数据单元格　　　　图3-23　单击"完成"按钮

3.2.7　AI写公式：员工离职率

WPS的表格"AI写公式"功能非常实用，用户只需输入指令，AI将自动编写公式进行计算，这一功能对于数据分析及统计尤为有用。以"员工离职率"为例，用户可以在表格中为AI提供员工总数及离职人数，AI将自动计算出离职率，并在表格中生成结果，具体操作步骤如下。

步骤01 在WPS中打开一个工作表，如图3-24所示，需要将表格中的员工离职率统计出来。

图3-24　打开一个工作表

步骤02 选择E2:E8单元格，❶在菜单栏中单击WPS AI标签，打开下拉列表框；❷选择"AI写公式"选项，如图3-25所示。

第 3 章 工具三：WPS AI

步骤 03 打开输入框，输入指令"根据C列中的总人数和D列中的离职人数，在E列计算离职率"，如图3-26所示。

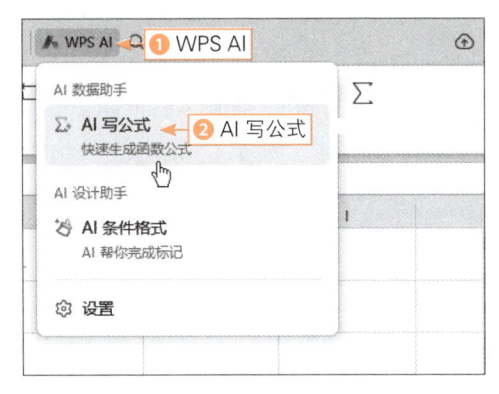

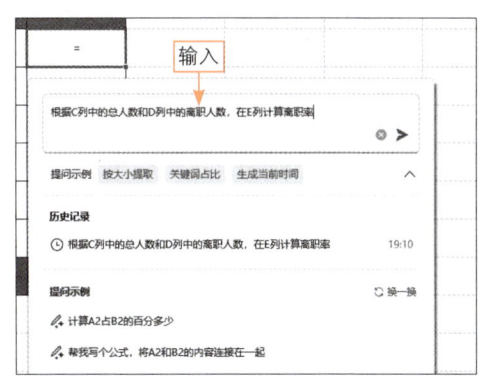

图 3-25 选择"AI 写公式"选项

图 3-26 输入指令

步骤 04 按"Enter"键发送指令，AI即可生成计算公式，如图3-27所示，在计算公式下方可以查看对公式的解释。

步骤 05 单击"完成"按钮，即可在E2单元格中填充公式并计算。在编辑栏中单击，按"Ctrl+Enter"组合键，即可将公式批量从E2单元格填充到E8单元格中，获得各部门的员工离职率，如图3-28所示。

图 3-27 生成计算公式

图 3-28 获得各部门的员工离职率

3.2.8 AI生成PPT：社交媒体营销策略

WPS AI支持一键生成幻灯片，用户只需输入PPT主题，WPS AI就能自动为用户生成美观的PPT，大大节省了用户的时间，帮助用户轻松制作出高质量的PPT。用户利用WPS AI生成PPT后，可以检查每

045

一页的内容是否符合自己的要求，如果有不符合的地方，可以根据需要添加或修改内容。

下面将以社交媒体营销策略PPT为例，介绍用WPS AI一键生成幻灯片的操作方法。

步骤01 打开WPS Office，单击"新建"|"演示"按钮，如图3-29所示。

步骤02 进入相应界面，单击"AI生成PPT"缩略图，如图3-30所示。

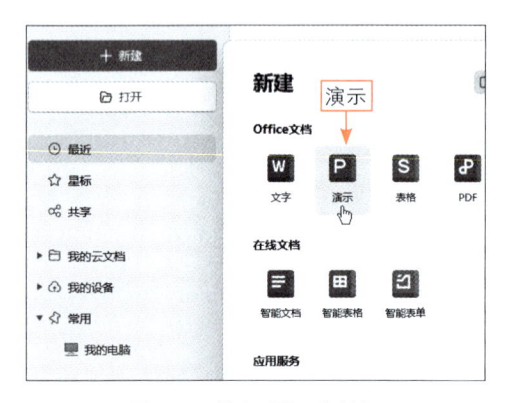

图 3-29　单击"演示"按钮　　　　图 3-30　单击"AI 生成 PPT"缩略图

步骤03 执行操作后，即可快速创建一个空白的演示文稿，并唤起WPS AI，打开"AI生成PPT"面板。在输入框中输入PPT的主题"社交媒体营销策略"，如图3-31所示。

图 3-31　输入 PPT 主题

步骤04 单击"开始生成"按钮，稍等片刻，即可生成封面、章节和正文等内容，单击"挑选模板"按钮，如图3-32所示。

图 3-32 单击"挑选模板"按钮

步骤 05 执行操作后，打开"选择幻灯片模板"面板，用户可以根据PPT内容和自己的喜好选择一款幻灯片模板，如图3-33所示。

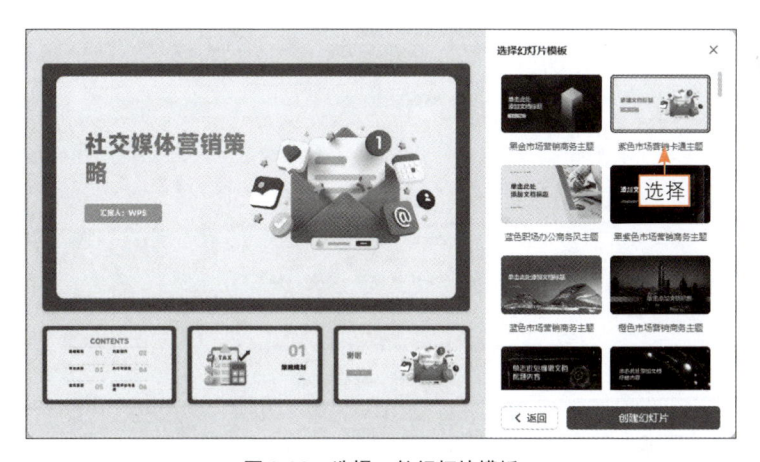

图 3-33 选择一款幻灯片模板

步骤 06 单击"创建幻灯片"按钮，即可一键生成PPT，用户可以根据需要适当调整幻灯片内容，部分效果如图3-34所示。

图 3-34　AI 一键生成 PPT（部分效果）

3.2.9　AI总结PDF：行政外包策略

WPS AI可以快速扫描PDF文档，并通过自然语言处理技术对文档内容进行智能识别和理解分析，包括总结全文、问题咨询、检索文档及提取要点等，提高用户的阅读效率和工作效率。下面以总结行政外包策略要点为例，介绍用WPS AI总结PDF文档要点的操作方法。

步骤 01　打开一篇PDF文章，如图3-35所示，需要总结全文、提炼要点。

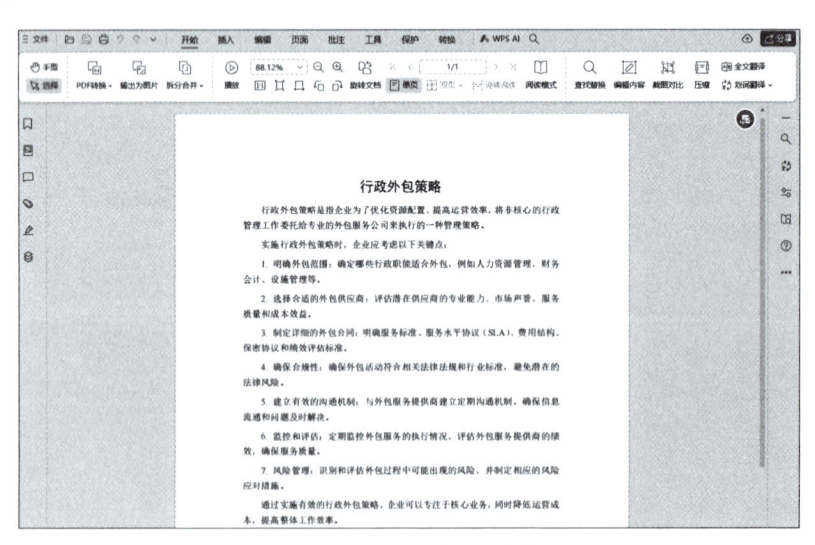

图 3-35　打开一篇 PDF 文章

第 3 章　工具三：WPS AI

步骤02 ❶在菜单栏中单击WPS AI标签；❷在打开的下拉列表框中选择"AI全文总结"选项，如图3-36所示。

步骤03 执行操作后，即可打开"AI全文总结"面板，其中显示了AI总结的要点内容，如图3-37所示。

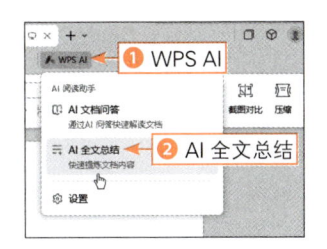

图 3-36　选择"AI 全文总结"选项 　　　　图 3-37　AI 总结的要点内容

步骤04 在面板右下角单击 按钮，可以复制AI总结的要点，保存到文档或者记事本中。单击"添加笔记"按钮，打开"笔记"面板，单击右上角的"导出"按钮，如图3-38所示，即可将笔记导出到云文档中。

步骤05 稍等片刻，即可在面板中提示导出成功。单击"立即打开"按钮，打开摘录笔记，❶单击左上角的"文件操作"按钮；❷在打开的下拉列表框中单击"下载"按钮，如图3-39所示，即可将摘录笔记下载保存到本地文件夹中。

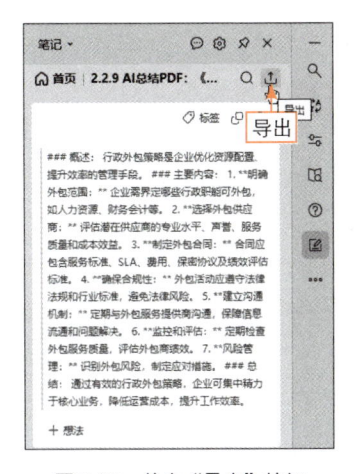

图 3-38　单击"导出"按钮 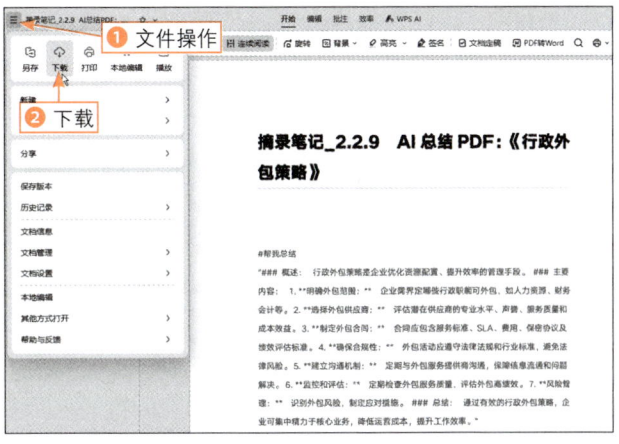　　　　图 3-39　单击"下载"按钮

049

3.2.10 AI模板：小红书标题脑暴

WPS智能文档中的AI模板具有标准化和自动化的特点，它简化了文档编辑的过程，使用户可以专注于内容而不是格式。例如，"小红书标题脑暴"模板专为那些希望在小红书平台上吸引眼球、激发用户兴趣的内容创作者设计。它内置了多种经过精心策划和验证的标题格式与元素，这些元素经过大数据分析，能够准确捕捉用户的点击心理，有效提升内容的曝光率。用户只需简单输入或选择关键词，模板便会自动生成一系列既吸引人眼球又符合小红书平台风格的标题建议，具体操作步骤如下。

步骤01 打开WPS Office，单击"新建"|"智能文档"按钮，进入"新建智能文档"界面，单击"AI模板"右侧的"查看更多"按钮，如图3-40所示。

步骤02 进入"AI模板"选项卡，选择"小红书标题脑暴"模板，如图3-41所示。

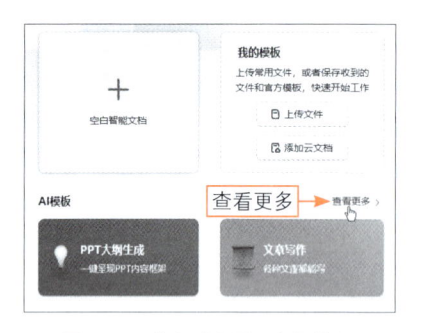

图3-40 单击"查看更多"按钮　　　　图3-41 选择"小红书标题脑暴"模板

步骤03 执行操作后，即可使用"小红书标题脑暴"模板，文档右侧会打开"AI模板设置"面板，文档中会显示示例内容，如图3-42所示。

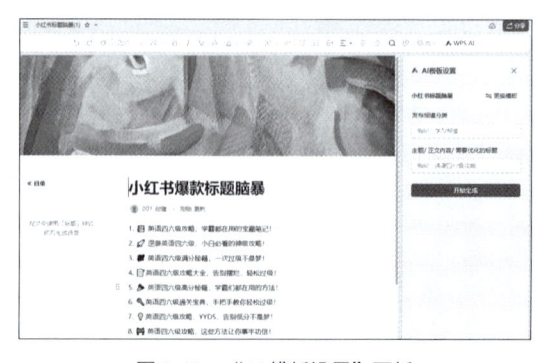

图3-42 "AI模板设置"面板

第 3 章 工具三：WPS AI

步骤 04 在"AI模板设置"面板中，根据需要输入"发布频道分类"和"主题/正文内容/需要优化的标题"，这里分别输入"穿搭频道"和"秋季显瘦穿搭"，如图3-43所示。

步骤 05 单击"开始生成"按钮，弹出"是否重新生成"对话框，提示当前文档中的示例内容将会被删除，单击"确定"按钮，如图3-44所示。

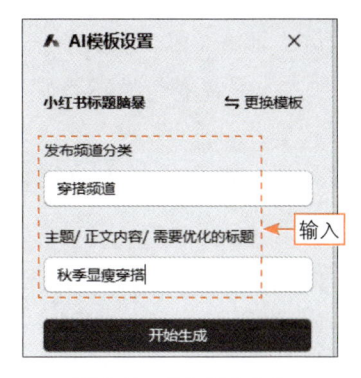

图 3-43　输入相应内容　　　　图 3-44　单击"确定"按钮

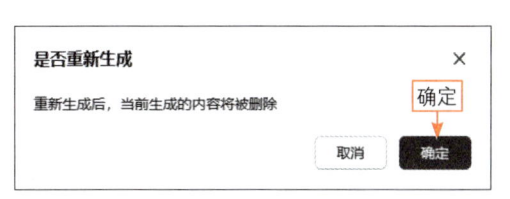

步骤 06 执行操作后，AI即可生成多个小红书爆款标题，如图3-45所示。单击"完成"按钮，即可完成小红书标题优化操作。

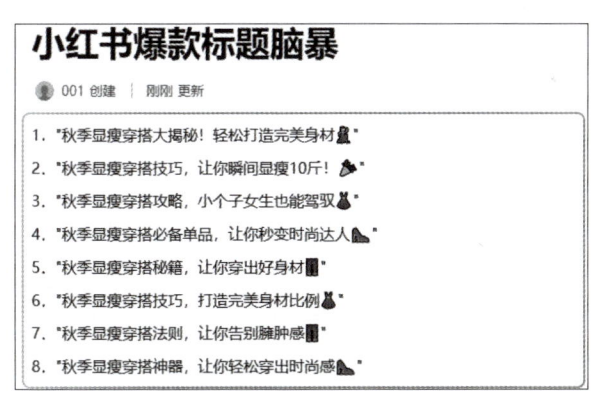

图 3-45　AI 生成多个小红书爆款标题

3.3 WPS AI 手机版 AI 办公提效功能

在移动设备上，WPS AI同样具备强大的功能，用户可以随时随地通过手机处理各种办公任务。本节将向大家介绍几个WPS AI手机版中的AI办公提效功能。

051

3.3.1　AI帮我写：年会邀请函

通过WPS AI手机版的"AI帮我写"功能，用户可以轻松生成各类正式邀请函。

以"年会邀请函"为例，用户只需提供年会的时间、地点和主要参与人员，AI将自动生成一份格式规范的邀请函，内容包括年会背景、邀请对象及具体日程安排等，方便用户直接发送给相关人员，具体操作步骤如下。

步骤01 在WPS Office App的"首页"界面中，点击右下角的⊕按钮，如图3-46所示。

步骤02 打开相应面板，在"新建"选项区中点击"文字"按钮，如图3-47所示。

步骤03 进入相应界面，点击"空白文档"按钮，如图3-48所示。

图3-46　点击⊕按钮　　图3-47　点击"文字"按钮　　图3-48　点击"空白文档"按钮

步骤04 新建一个空白文档，点击工具栏中的🅰按钮，如图3-49所示。

步骤05 激活WPS Office的AI功能，弹出"AI帮我写"列表框，如图3-50所示。

步骤06 ❶输入"邀请函"；❷在上方弹出的列表框中选择"邀请函"选项，如图3-51所示。

步骤07 显示"邀请函"模板内容，在其中用户可根据需要修改文本内容，点击发送按钮➤，如图3-52所示。

第 3 章 工具三：WPS AI

图 3-49 点击相应按钮　　图 3-50 弹出相应列表框　　图 3-51 选择"邀请函"选项

步骤 08 执行操作后，即可得到WPS AI生成的一份年会邀请函。点击右下角的"插入"按钮，如图3-53所示。

步骤 09 执行操作后，即可将邀请函的内容插入空白文档中，点击"完成"按钮，如图3-54所示，即可完成操作。

图 3-52 点击发送按钮　　图 3-53 点击"插入"按钮　　图 3-54 点击"完成"按钮

053

3.3.2 AI文档问答：公众号文章

WPS AI手机版具备"AI文档问答"功能，是非常实用的AI阅读助手。

例如，很多自媒体人在撰写文案时，都会去阅读一些公众号文章来寻找创作灵感，此时可以使用"AI文档问答"功能向AI提问，对全文进行阅读理解、翻译、概括和要点分析等，提升阅读效率，具体操作步骤如下。

步骤01 在WPS Office App的"首页"界面中选择一个文档，如图3-55所示。

步骤02 进入文档阅读界面，在右下角点击WPS AI按钮，如图3-56所示。

步骤03 打开相应面板，选择"AI文档问答"选项，如图3-57所示。

步骤04 弹出输入框，输入关于文档的问题"这篇文章讲了什么内容？客观点评一下"，如图3-58所示。

步骤05 点击"发送"按钮，稍等片刻，AI即可进行回复，如图3-59所示。

图 3-55 选择一个文档

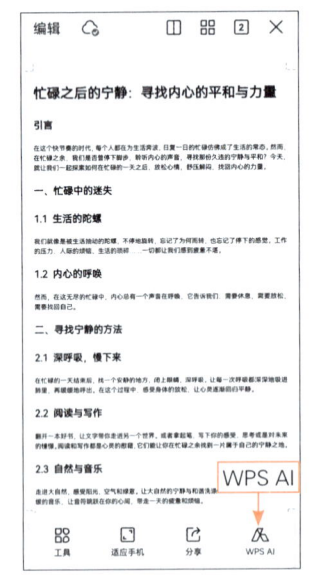

图 3-56 点击 WPS AI 按钮

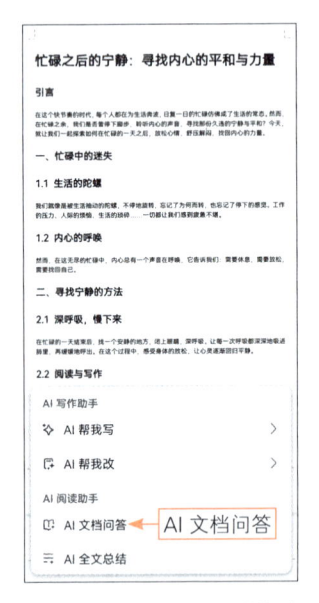

图 3-57 选择"AI 文档问答"选项

第 3 章 工具三：WPS AI

图 3-58 输入关于文档的问题　　图 3-59 AI 回复内容

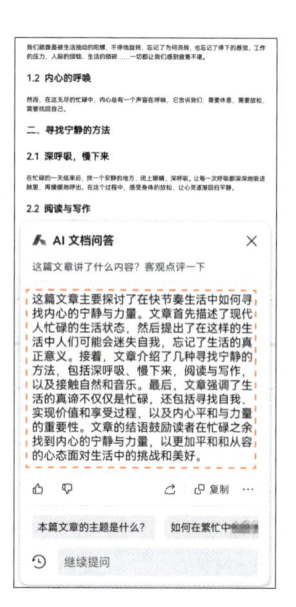

3.3.3 AI 续写：行政沟通技巧

在WPS AI手机版中，AI续写功能可以帮助用户快速扩展或补充现有文档内容，尤其适用于需要撰写长篇文字材料的场景。下面以续写"行政沟通技巧"为例，介绍具体的操作方法。

步骤 01 在WPS Office App的"首页"界面中选择一个文档，如图3-60所示。

步骤 02 进入文档阅读界面，其中已经编写了一部分行政沟通技巧，需要AI进行续写，在右下角点击WPS AI按钮，如图3-61所示。

步骤 03 打开相应面板，选择"AI帮我写"选项，如图3-62所示。

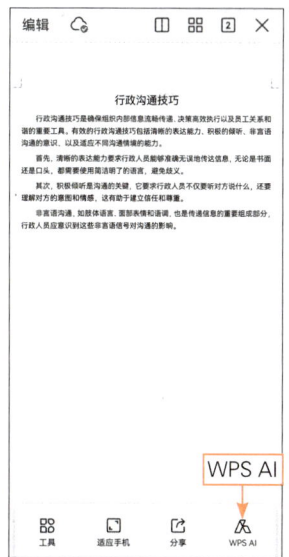

图 3-60 选择一个文档　　图 3-61 点击 WPS AI 按钮

055

步骤04 打开"AI帮我写"面板，选择"续写"选项，如图3-63所示。

图3-62 选择"AI帮我写"选项　　　图3-63 选择"续写"选项

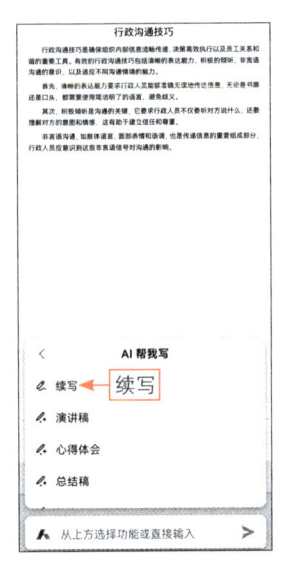

步骤05 稍等片刻，AI即可开始续写"行政沟通技巧"，点击"保留"按钮，如图3-64所示。

步骤06 执行操作后，即可将AI续写的内容插入文档中。根据需要进行简单排版，点击"完成"按钮，如图3-65所示，即可完成操作。

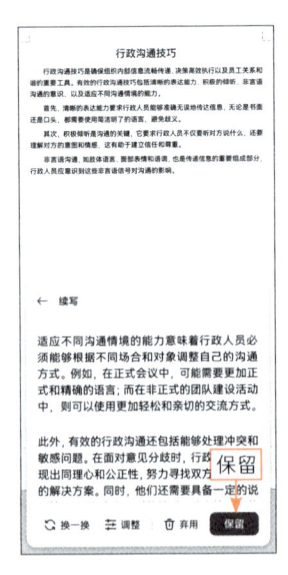

图3-64 点击"保留"按钮　　　图3-65 点击"完成"按钮

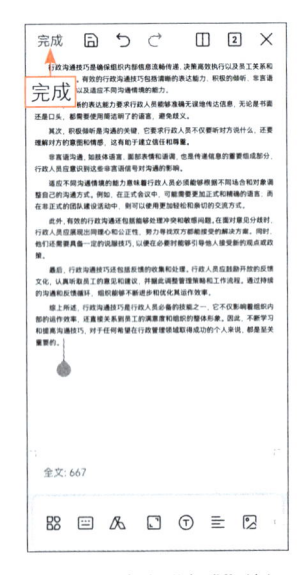

3.3.4　AI翻译：拓展国际市场策略

WPS AI手机版的"AI翻译"功能为用户提供了高效、精准的文档翻译支持。无论是简短的句子还是完整的文章，AI翻译都可以迅速将内容从一种语言转换为另一种语言，帮助用户轻松应对跨语言沟通场景。下面以翻译某企业拓展国际市场策略为例，介绍具体的操作方法。

步骤01 在WPS Office App的"首页"界面中选择一个文档，如图3-66所示。

步骤02 进入文档阅读界面，需要将文档内容翻译成英文，点击左上角的"编辑"按钮，如图3-67所示。

图 3-66　选择一个文档　　图 3-67　点击"编辑"按钮

步骤03 执行操作后，即可切换为文档编辑模式，长按屏幕，打开相应面板，点击"全选"按钮，如图3-68所示。

步骤04 全选全文，在面板中点击"AI翻译"按钮，如图3-69所示。

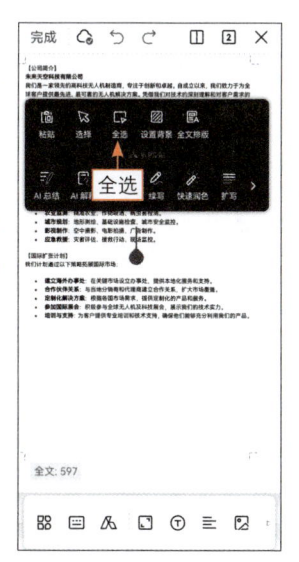

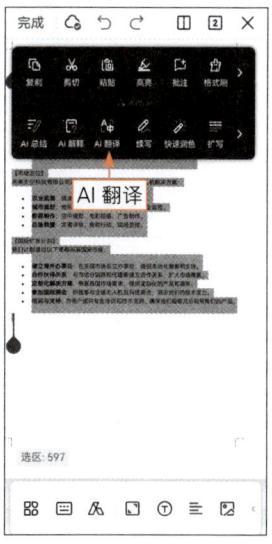

图 3-68　点击"全选"按钮　　图 3-69　点击"AI 翻译"按钮

步骤 05 稍等片刻，AI即可翻译所选内容，点击 按钮，如图3-70所示，即可复制翻译内容。

步骤 06 关闭"AI翻译"面板，在文档中粘贴复制的翻译内容，点击"完成"按钮，如图3-71所示，即可完成操作。

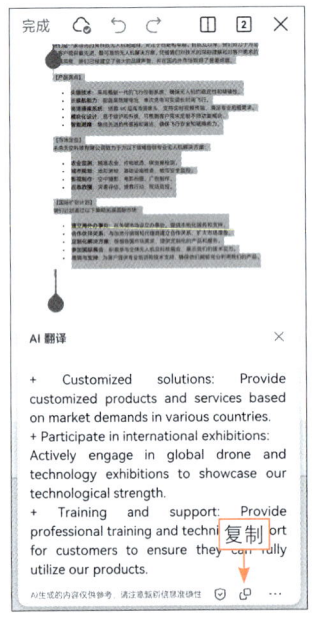

图 3-70　点击复制按钮　　　　　图 3-71　点击"完成"按钮

▶ 第 4 章

工具四：腾讯文档

腾讯文档是腾讯公司推出的一款在线协作编辑工具，它集成了文档、表格、幻灯片等多种文件类型的编辑与协作功能，旨在提升团队协作的效率和便捷性。同时，腾讯文档凭借其便捷的操作和强大的AI辅助功能，已经成为提升办公效率的重要工具之一。本章将详细介绍腾讯文档的使用方法，包括注册与登录、功能页面介绍，以及其在网页版和手机版上的AI办公提效功能。

4.1 腾讯文档入门

在使用腾讯文档进行高效办公之前，用户需要掌握基本的注册登录操作，并了解其功能页面的布局和用途。这些基础操作将帮助用户快速上手腾讯文档，利用其AI功能轻松创建和管理各种文件。

4.1.1 注册与登录腾讯文档

使用腾讯文档网页版进行AI办公之前，首先需要注册并登录账号，腾讯文档支持使用微信、QQ账号直接登录，具体操作步骤如下。

首先在计算机中打开相应浏览器，输入腾讯文档的官方网址，打开官方网站。单击右上方的"登录"按钮，如图4-1所示。弹出"请选择登录方式"对话框，用户可以在其中使用手机微信或者QQ的"扫一扫"功能扫码快速登录账号。

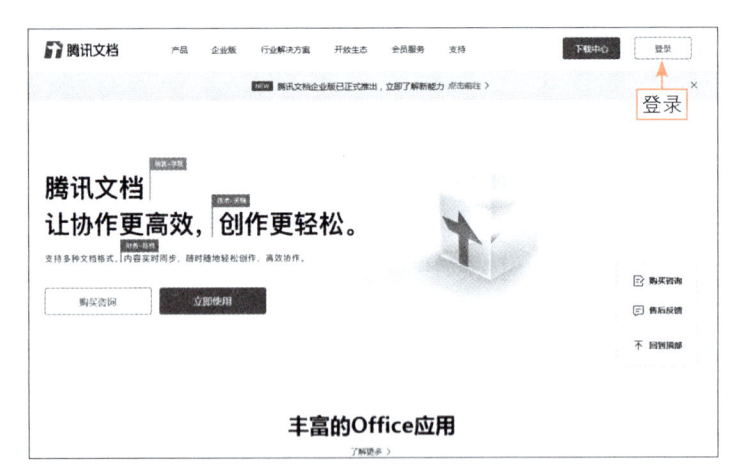

图 4-1　单击"登录"按钮

如果用户是首次登录，系统将默认注册平台账号。登录账号后，用户可以访问云端存储的所有文档，并享受腾讯文档提供的实时协作功能。

4.1.2 了解腾讯文档功能页面

登录腾讯文档账号后，网页将发生变化，用户可以单击页面上方的"新建"按钮，如图4-2所示，通过打开的下拉列表框，用户可以直接创建文档、表格、幻灯片、PDF、收集表、智能文档、智能表格、智能白板、思维导图及流程图。

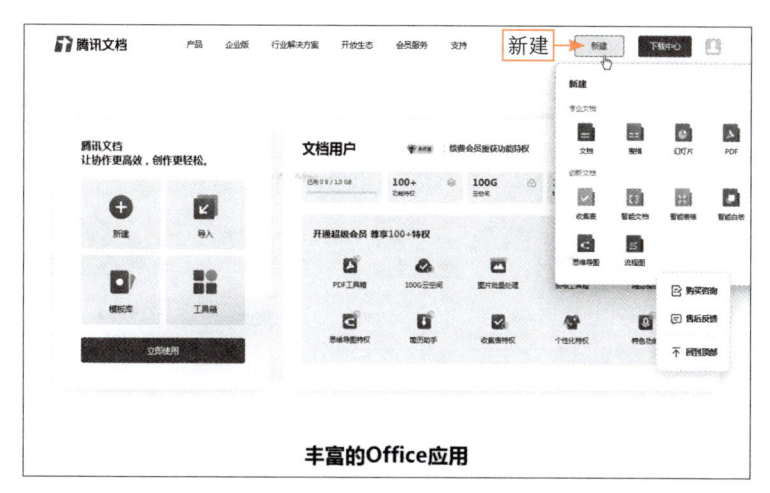

图 4-2 单击"新建"按钮

用户也可以在左侧的"腾讯文档"选项区中，单击"立即使用"按钮，进入腾讯文档首页，单击"新建"按钮，如图4-3所示，同样会打开下拉列表框，用户可以在此处根据需要创建各类文件。

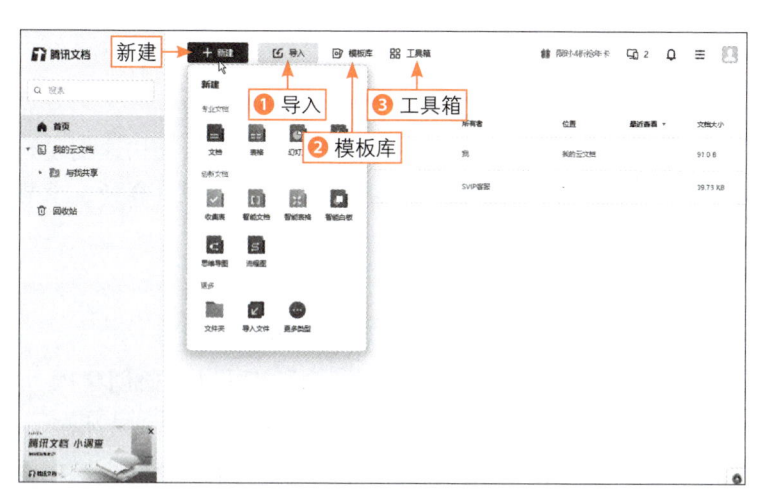

图 4-3 单击"新建"按钮

❶ 单击页面上方的"导入"按钮，可以导入本地文件。

❷ 单击"模板库"按钮，即可进入"腾讯文档·模板"页面，如图4-4所示。用户可以在其中使用行业模板、职场办公模板、校园模板、个人生活和风格类型等，还可以切换至"腾讯文库"页面，在其中阅读或搜索、使用不同行业的信息、教育资料，以及法律合同等文档。

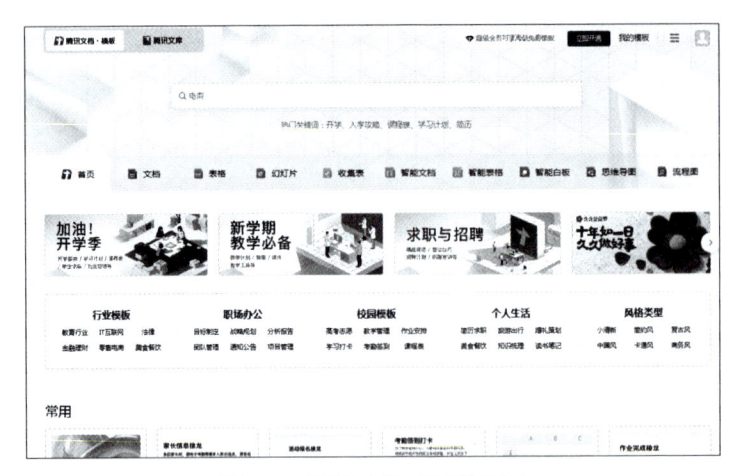

图4-4 "腾讯文档·模板"页面

❸ 单击"工具箱"按钮,即可打开"工具箱"面板,包括"PDF转Word""PDF转Excel""PDF编辑""文件转PDF""图片转文字""图片转表格""简历助手"及"音频转文字"等办公工具。

4.2 腾讯文档网页版 AI 办公提效功能

腾讯文档的网页版具备强大的AI功能,用户可以在云端快速创建和编辑各类文档和表格,AI的辅助功能使得复杂的办公任务变得简单且高效。本节将介绍腾讯文档网页版的几个核心AI功能。

4.2.1 AI新建文档:团建游戏攻略

使用腾讯文档的"通过AI新建"功能,用户可以轻松创建团建游戏攻略文档。只需提供一些关键词,如"团队合作""破冰游戏""户外活动""狼人杀""剧本杀"等,AI就会根据这些提示生成一份包括游戏规则、游戏流程和所需道具的完整攻略。这一方法特别适用于人力资源部门或活动组织者,帮助他们快速策划团队活动,而无须从零开始编写文档,具体操作步骤如下。

步骤01 进入腾讯文档首页,单击上方的"新建"按钮,在打开的面板中单击"文档"按钮,打开"新建文档"面板,单击"通过AI新建"缩略图,如图4-5所示。

第 4 章　工具四：腾讯文档

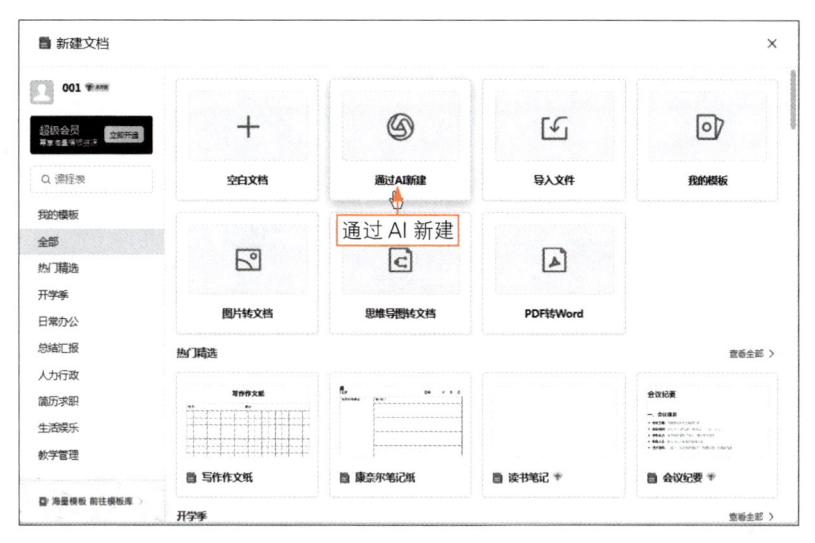

图 4-5　单击"通过 AI 新建"缩略图

步骤 02 打开"智能助手"面板，需要用户选择一个生成方式，这里选择"输入主题生成"选项，如图4-6所示。

步骤 03 执行操作后，即可在输入框中显示语言模板，输入主题或相关内容"生成一份15人的户外活动团建游戏攻略"，如图4-7所示。

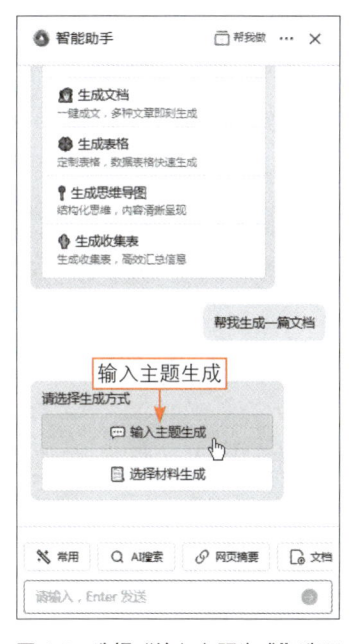

图 4-6　选择"输入主题生成"选项　　　　图 4-7　输入主题或相关内容

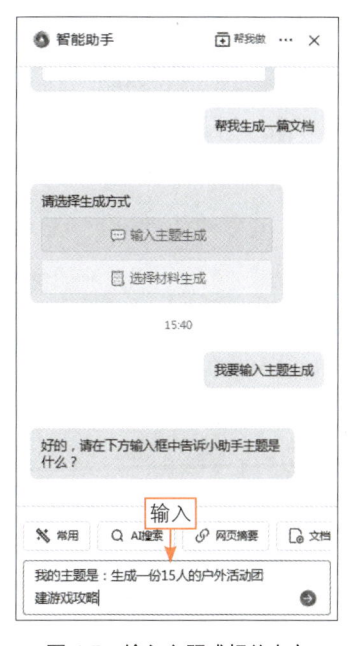

步骤04 单击右侧的发送按钮 ➤，稍等片刻，AI即可生成相应的文档内容。单击"生成文档"按钮，如图4-8所示。

步骤05 执行操作后，AI即可生成文档，单击文档图标 📄，如图4-9所示，即可打开文档，查看AI编写的文档内容。

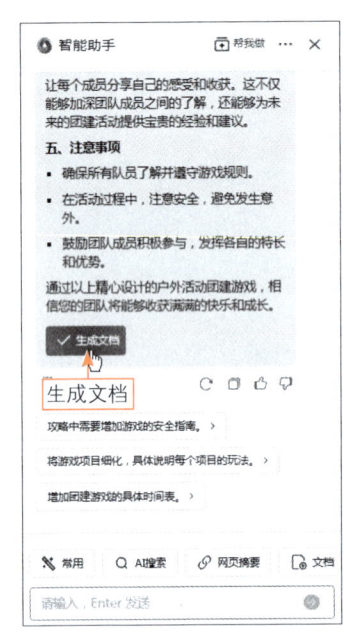

图4-8　单击"生成文档"按钮　　　　图4-9　单击文档图标

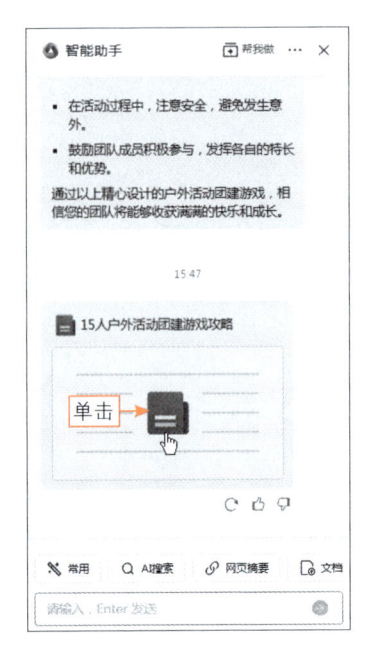

4.2.2　AI新建表格：面试签到表

使用腾讯文档的"通过AI新建"功能，用户可以轻松创建面试签到空白表格，这一功能特别适合招聘团队，在需要处理大量面试信息时，可以通过AI快速完成表格设置。用户只需要提供指令，AI将自动生成一份结构合理的签到表，用户可以直接使用或根据实际需要进行调整，具体操作步骤如下。

步骤01 进入腾讯文档首页，单击上方的"新建"按钮，在打开的面板中单击"表格"按钮，打开"新建表格"面板，单击"通过AI新建"缩略图，如图4-10所示。

步骤02 打开"智能助手"面板，在下方输入指令"面试签到空白表格"，指导AI生成特定的表格内容，如图4-11所示。

第 4 章　工具四：腾讯文档

图 4-10　单击"通过 AI 新建"缩略图

步骤 03 单击右侧的发送按钮➡️，稍等片刻，AI 即可生成相应的表格内容。单击"生成表格"按钮，如图 4-12 所示。

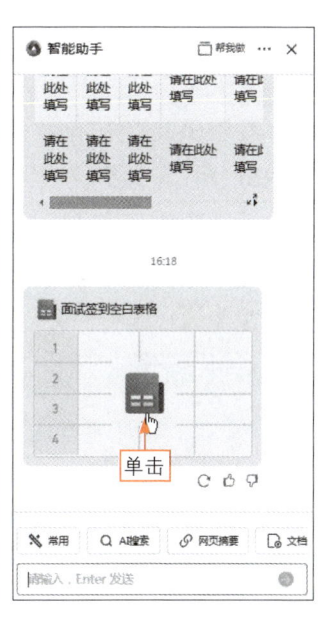

图 4-11　输入相应指令　　图 4-12　单击"生成表格"按钮　　图 4-13　单击 Excel 表格

步骤 04 执行操作后，AI 即可生成 Excel 表格，单击 Excel 表格，如图 4-13 所示。

步骤 05 执行操作后，即可打开 Excel 表格，查看创建的表格内容，如图 4-14 所示。用户可根据需要修改表格中的内容，使其更加符合要求。

065

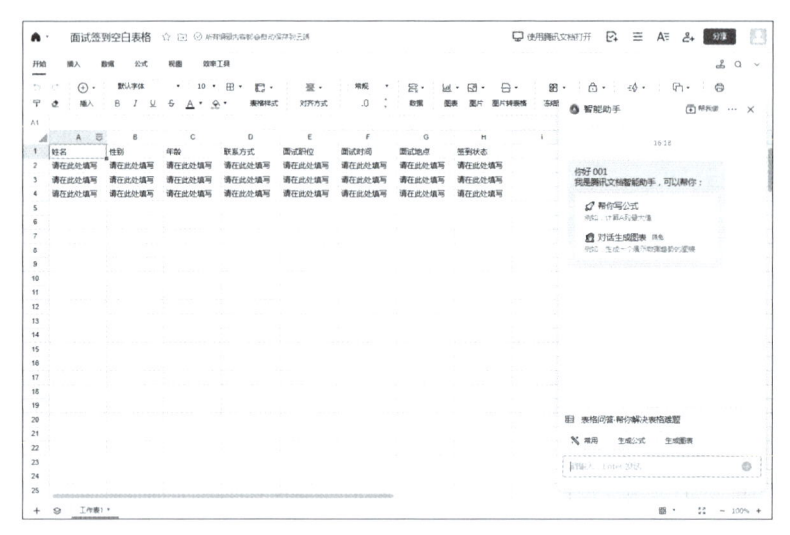

图4-14 查看创建的表格内容

4.2.3　帮你写公式：销售提成统计表

在腾讯文档中，AI写公式能够自动根据输入的数据和指令，快速生成并计算销售提成统计表格中所需的各项公式，如求和、平均值和计算销售提成等，从而大大节省手动编写公式和计算的时间。下面介绍通过AI写公式来计算销售提成的操作方法。

步骤01 进入腾讯文档首页，单击上方的"新建"按钮，在打开的面板中单击"表格"按钮，打开"新建表格"面板，单击"导入文件"缩略图，如图4-15所示。

图4-15 单击"导入文件"缩略图

步骤02 弹出"打开"对话框，选择需要导入的Excel表格，如图4-16所示。

第 4 章　工具四：腾讯文档

步骤 03 单击"打开"按钮，弹出"导入本地文件"对话框，默认选择"转为在线文档多人编辑"选项，如图4-17所示。

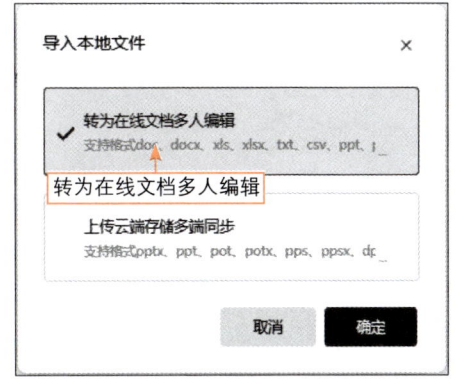

图 4-16　选择需要导入的 Excel 表格　　图 4-17　选择"转为在线文档多人编辑"选项

步骤 04 单击"确定"按钮，即可将表格导入腾讯文档中，单击"立即打开"按钮，如图4-18所示。

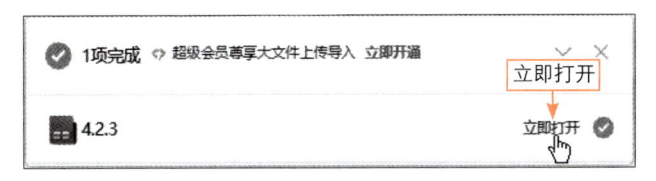

图 4-18　单击"立即打开"按钮

步骤 05 执行操作后，即可打开Excel文件，❶选中D2单元格并输入"="；❷在弹出的"使用提示"面板中选择"智能助手帮我写公式"选项，如图4-19所示。

图 4-19　选择"智能助手帮我写公式"选项

067

步骤06 弹出输入框，输入指令"根据B2单元格中的销售业绩和C2单元格中的提成比例，计算提成金额"，如图4-20所示。

步骤07 单击右侧的发送按钮，稍等片刻，AI即可生成相应的计算公式，单击"插入公式"按钮，如图4-21所示。

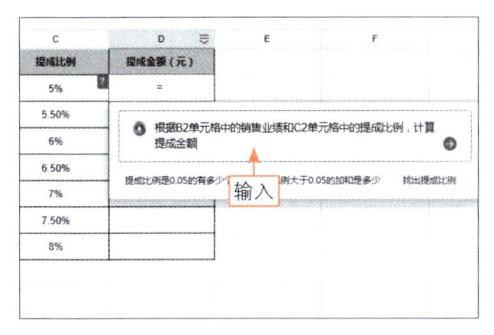

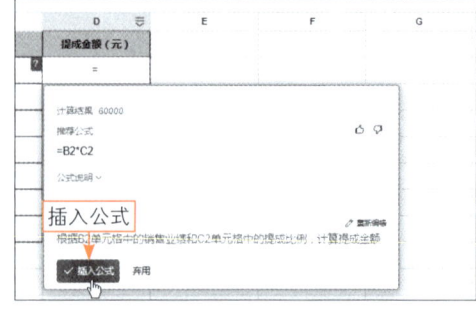

图 4-20　输入相应指令　　　　　　图 4-21　单击"插入公式"按钮

步骤08 执行操作后，即可将公式插入D2单元格中，如图4-22所示。按"Enter"键确认，即可得出计算结果。

步骤09 将鼠标指针移至D2单元格右下角的位置，当鼠标指针呈加号形状 ╋ 时，按住鼠标左键并向下拖曳，至D8单元格后释放鼠标，即可填充公式，计算此单元格区域中的所有提成金额，如图4-23所示。至此，完成销售提成的统计工作。

图 4-22　将公式插入 D2 单元格中　　　　　　图 4-23　计算所有提成金额

4.2.4　对话生成图表：销售提成对比图

图表是数据可视化的一种重要形式，通过图形和颜色等视觉元素，将复杂的数据以直观、易懂的方式呈现出来。AI能够自动分析和理解数据，生成符合逻辑的图表，使得数据的趋势、模式和关系一目了然。这种信息可视化有助于人们更快地理解和吸收数据中的关键信息。下面介绍使用AI生成图表来对比各员工销售提成数据的操作方法。

步骤01 在上一例的基础上，单击表格右下角的 ● 按钮，打开"智能助手"面板，选择"对话生成图表"选项，如图4-24所示。

步骤02 执行操作后，AI将弹出相应提示信息，选择"生成一个展示数据对比的柱状图"选项，如图4-25所示。

步骤03 执行操作后，AI即可生成相应的数据对比柱状图，单击"插入"按钮，如图4-26所示。

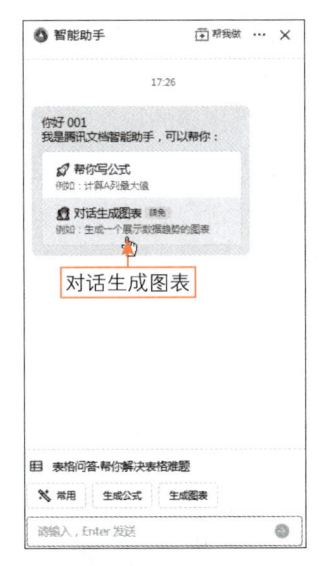

图 4-24　选择"对话生成图表"选项

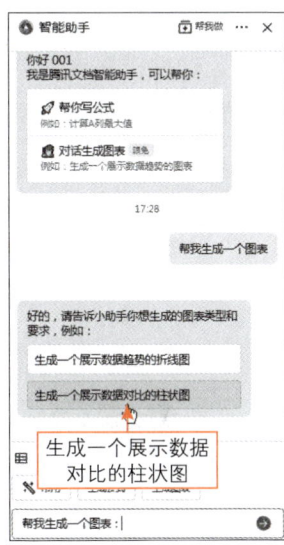

图 4-25　选择相应选项

步骤04 执行操作后，即可在表格中插入"销售业绩与提成金额对比"柱状图，效果如图4-27所示。

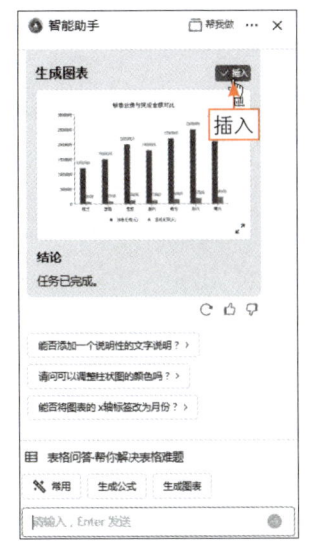

图 4-26　单击"插入"按钮

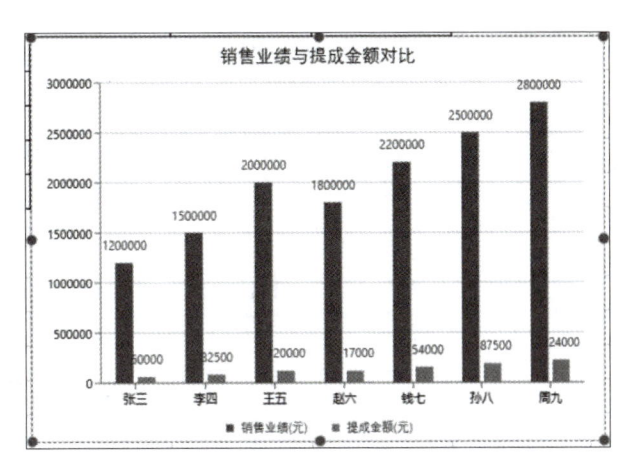

图 4-27　插入"销售业绩与提成金额对比"柱状图

4.2.5 调整排序：餐厅员工花名册

在腾讯文档中，AI通过复杂的算法和模型，可以根据用户的指令对大量数据进行快速、准确的分析和处理，从而得出数据的排序结果，这种排序方式能够显著提高用户的工作效率。下面介绍使用AI对员工花名册按"年龄"进行排序的操作方法。

步骤01 进入腾讯文档首页，单击上方的"新建"按钮，在打开的面板中单击"智能表格"按钮，弹出"新建智能表格"对话框，在其中找到"餐厅员工花名册"表格，单击"立即使用"按钮，如图4-28所示。

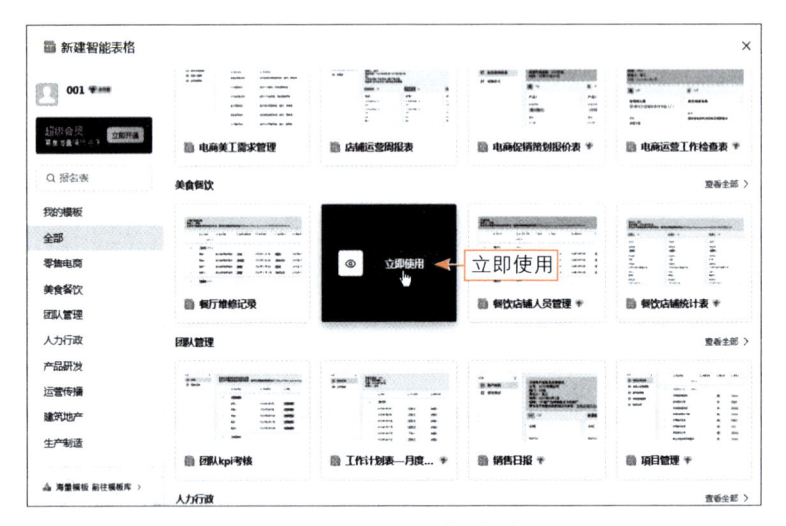

图 4-28 单击"立即使用"按钮

步骤02 执行操作后，即可生成一份餐厅员工花名册，如图4-29所示。

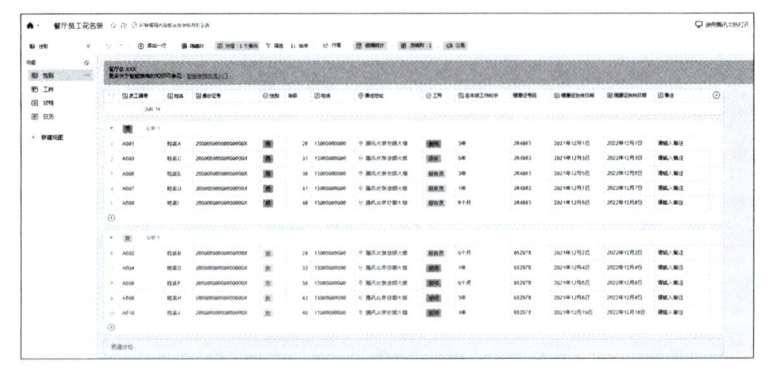

图 4-29 生成一份餐厅员工花名册

步骤 03 在右侧的"智能助手"面板中，选择"调整排序"选项，如图4-30所示。

步骤 04 执行操作后，AI将弹出相应提示信息，在文本框中输入相应指令，单击"开始排序"按钮，如图4-31所示。

图4-30 选择"调整排序"选项　　　　图4-31 单击"开始排序"按钮

步骤 05 执行操作后，AI即可对表格中的数据按"年龄"进行排序，效果如图4-32所示。

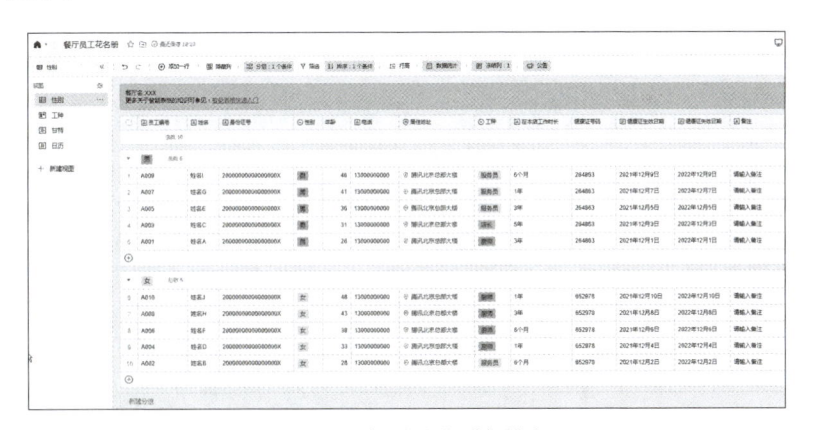

图4-32 按"年龄"进行排序

4.3 腾讯文档手机版 AI 办公提效功能

腾讯文档手机版不仅具备与网页版类似的AI功能，还提供了更方便的移动办公体验。用户可以在手机的应用市场App中，搜索"腾讯文档"，在"腾讯文档"右侧点击"安装"按钮，下载安装包并自动安装。安装完成后，打开腾讯文档App，在"我"界面中使用微信登录账号即可。

在腾讯文档App中，用户可以随时随地创建、编辑和管理文档，通过AI辅助提高工作效率。本节将介绍腾讯文档手机版的几个AI办公提效功能。

4.3.1 生成文档：医疗健康专业知识

通过腾讯文档App上的AI功能，用户可以快速生成一份医疗健康专业知识文档。只需提供一些关键词，如"心脏病预防""健康饮食"等，AI就能自动生成一篇内容翔实的文章，具体操作步骤如下。

步骤01 进入腾讯文档App的"首页"界面，点击上方的按钮，如图4-33所示。

步骤02 进入"智能助手"界面，选择"生成文档"选项，如图4-34所示。

步骤03 执行操作后，需要用户选择一种生成方式，这里选择"输入主题生成"选项，如图4-35所示。

步骤04 执行操作后，在输入框中输入相应的指令，点击发送按钮，即可得到AI回复的内容，相关指令和回复内容如下。

图4-33 点击相应按钮 　　图4-34 选择"生成文档"选项 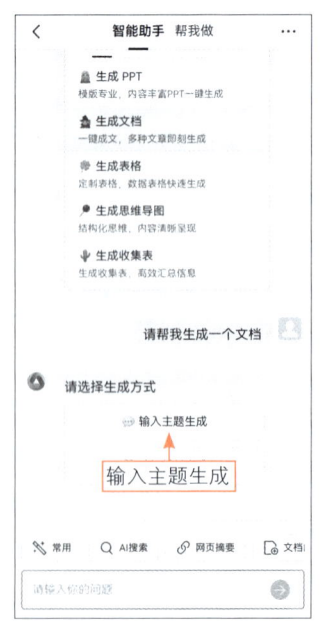　　图4-35 选择"输入主题生成"选项

提问

心脏病预防和急救知识有哪些。

腾讯文档

心脏病预防与急救知识

心脏病是一类常见的循环系统疾病，包括冠心病、高血压心脏病、心肌病等多种类型。心脏病的预防与急救对于降低猝死风险至关重要。本文将详细介绍心脏病的预防措施及急救知识。

什么是猝死？

猝死，学名心脏骤停，是指心脏突然停止跳动，导致大脑和其他重要器官的血流终止。……

猝死的急救措施

拨打急救电话

一旦发现心脏病发作症状，应立即拨打急救电话。……

让患者休息

帮助患者坐下并休息，减轻心脏的工作负荷。……

4.3.2 生成PPT：钢琴课程备课框架

当用户需要快速准备一份PPT教学课件或备课计划时，用户只需通过AI输入课程的主要内容和教学目标，AI将自动生成包括课程结构、练习安排和教学进度的PPT演示文稿。这一功能特别适用于教育工作者，帮助他们快速生成教学计划的PPT，节省了大量准备时间。下面以生成钢琴课程备课框架PPT为例介绍具体操作步骤。

步骤01 进入腾讯文档App的"首页"界面，点击上方的▲按钮，进入"智能助手"界面，选择"生成PPT"选项，如图4-36所示。

步骤02 执行操作后，需要用户选择一种生成方式，这里选择"输入主题生成"选项，如图4-37所示。

步骤03 执行操作后，在输入框中输入指令"钢琴课程备课框架"，如图4-38所示。

步骤04 点击发送按钮➡，即可得到AI创作的大纲，点击"继续创建"按钮，如图4-39所示。

图 4-36　选择"生成 PPT"选项 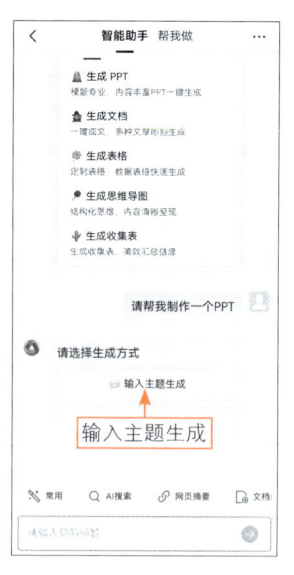　　图 4-37　选择"输入主题生成"选项 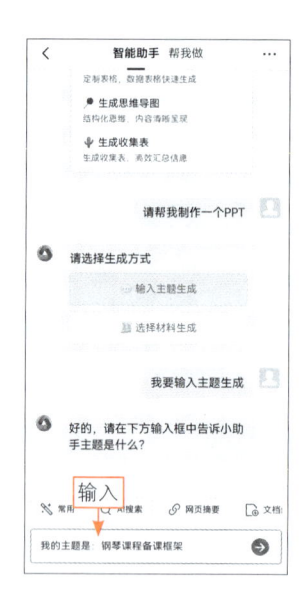　　图 4-38　输入相应的指令

步骤 05 打开"选择主题模板"面板，选择一个喜欢的或者合适的主题模板，如图4-40所示。

步骤 06 点击"继续生成"按钮，稍等片刻，即可一键让AI生成PPT，效果如图4-41所示。

图 4-39　点击"继续创建"按钮 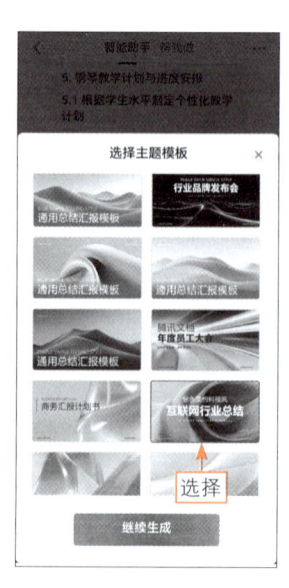　　图 4-40　选择主题模板 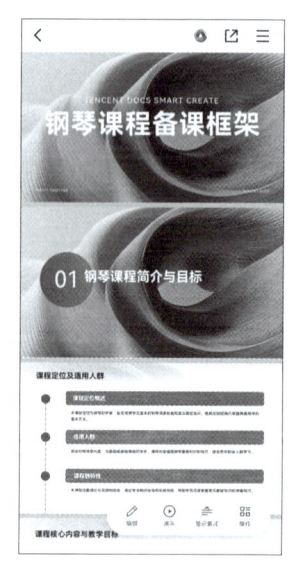　　图 4-41　AI 生成 PPT 效果

4.3.3 生成表格：员工绩效考核表

对于需要评估员工绩效的场景，用户可以利用AI生成员工绩效考核表。用户还可以提供绩效考核的评分标准和指标，AI将会自动生成一个带有相应评分栏的表格，让用户轻松进行员工绩效管理。

这对HR（人力资源）部门来说是一个非常便捷的工具，可以帮助他们快速搭建绩效考核体系。

步骤01 进入腾讯文档App的"智能助手"界面，❶选择"生成表格"选项；❷在输入框中输入指令"生成员工绩效考核表，80分以上为合格，95分以上为优秀并每月可获得200元奖金"，如图4-42所示。

步骤02 点击发送按钮➡，AI即可生成表格的框架，点击"生成表格"按钮，如图4-43所示。

步骤03 执行操作后，即可生成Excel表格，点击Excel表格，如图4-44所示。

步骤04 执行操作后，即可查看表格内容，效果如图4-45所示。

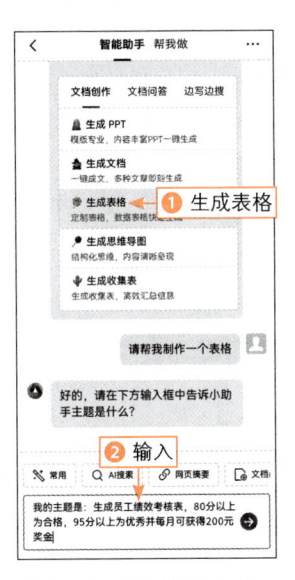

图 4-42　输入相应的指令

图 4-43　点击"生成表格"按钮

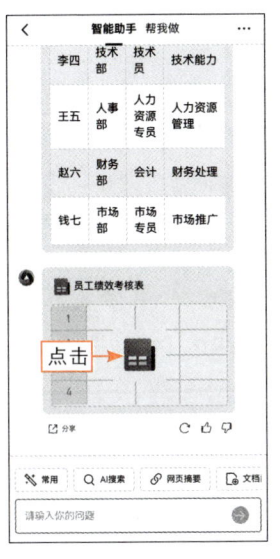

图 4-44　点击 Excel 表格

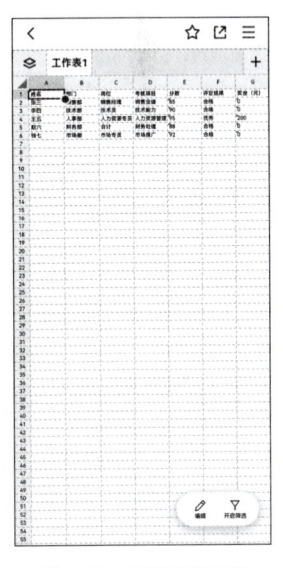

图 4-45　查看表格内容

4.3.4　AI搜索：AI短视频生成工具

腾讯文档的"AI搜索"功能也十分强大。用户可以通过手机搜索与自己工作相关的内容。例如，当用户想要查找AI短视频生成工具时，AI可以自动为用户列出相关的工具和文档建议，并提供超链接，方便用户进一步了解和使用这些工具。这种搜索功能使得用户在移动办公时能够快速获取所需信息，提升工作效率，具体操作步骤如下。

步骤01 进入腾讯文档App的"智能助手"界面，点击输入框上方的"AI搜索"按钮，如图4-46所示。

步骤02 执行操作后，在输入框中输入指令"AI短视频生成工具有哪些？"，如图4-47所示。

步骤03 点击发送按钮，即可得到AI回复的内容。

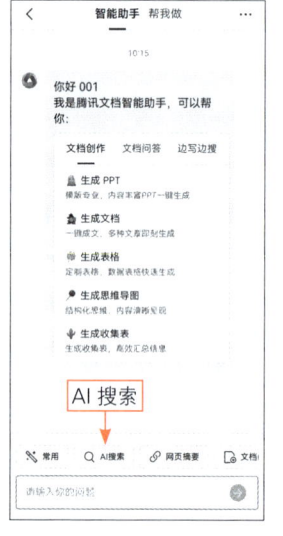

图4-46　点击"AI搜索"按钮

图4-47　输入相应的指令

🔺 腾讯文档

AI短视频生成工具盘点

随着人工智能技术的飞速发展，AI短视频生成工具已经成为视频制作领域的热门工具。这些工具利用深度学习、自然语言处理和计算机视觉技术，可以大大简化视频制作过程，节省时间和精力。以下是几款流行的AI短视频生成工具：

- Luma AI：号称是"终极AI视频生成器"，提供多种视频生成选项。
- 可灵AI：由快手大模型团队自研打造，支持生成长达2分钟的30fps视频。
- Veo：谷歌发布的强大"文生视频"模型。
- Dream Machine：Luma Labs推出的AI视频生成工具。
- Stable Video：由Stability AI开发，适合视频制作。
- MoneyPrinterTurbo：基于大模型服务的AI视频生成模型。

这些工具各有特色，适用于不同的视频制作需求。用户可以根据自己的具体需求，选择合适的工具来创建高质量的短视频。

内容生成篇

▶ 第 5 章

提效一：办公文案的智能生成

随着科技的飞速发展，AI不仅在科技前沿探索未知，更是悄然渗透至日常工作的每个角落，特别是在提升办公文案创作效率与质量方面展现出了前所未有的潜力。本章将通过橙篇和通义两个AI工具，解析这一新兴技术如何以其独特的智能算法和学习能力，助力职场人士突破传统文案写作瓶颈，成为提升工作效率、优化内容质量的得力助手。

第 5 章　提效一：办公文案的智能生成

5.1 使用橙篇 AI 进行智能写作

橙篇是百度文库发布的一款AI原生应用，它不仅仅是一个写作工具，更是一个集专业知识检索、问答、超长图文理解与生成、深度编辑和整理、跨模态自由创作等功能于一体的综合性AI产品，尤其适用于作家、记者、学生、研究人员，以及任何需要进行大量写作和内容创作的专业人士。本节将通过相关案例，详细介绍使用橙篇的AI功能进行智能写作的方法。

5.1.1 文档总结：会议纪要整理

对于长篇的会议纪要，橙篇AI能够深入理解其中的内容和含义，把握会议的核心议题和讨论重点。基于深入理解，橙篇能够生成与会议纪要紧密相关的总结要点，帮助用户快速掌握会议的核心内容。橙篇能够仔细检查会议纪要中的语法错误、拼写错误等问题，确保总结要点的准确性和专业性。橙篇还可以根据会议纪要的逻辑结构，优化总结要点的呈现方式，使其更加清晰、易读。下面介绍使用橙篇迅速总结会议纪要文档要点的操作方法。

步骤 01 在浏览器中搜索并进入橙篇官网，单击右上角的"登录"按钮，如图5-1所示，可以使用百度、微博、微信及QQ等方式登录账号。

图 5-1　单击"登录"按钮

步骤 02 在首页中单击"文档总结"按钮，进入"未命名会话"页面，其中显示了文档总结的相关内容，单击"上传文件"按钮，如图5-2所示。

079

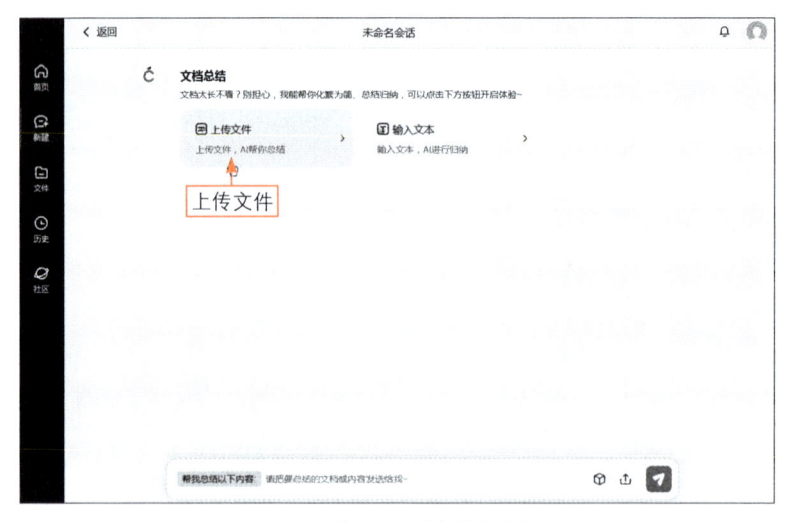

图 5-2　单击"上传文件"按钮

步骤 03 弹出"打开"对话框，在其中选择相应的会议纪要文件，单击"打开"按钮，即可上传会议纪要文件，并显示在输入框的下方，如图5-3所示。

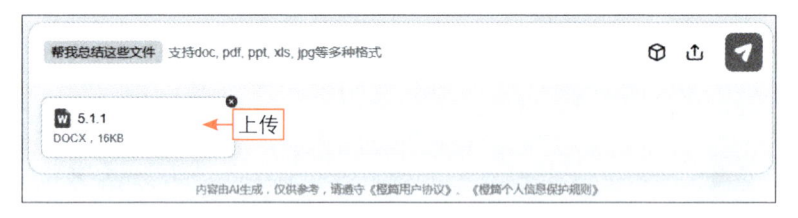

图 5-3　上传会议纪要文件

步骤 04 在输入框中输入相应的指令，单击发送按钮，即可得到橙篇总结的文档要点，相关指令和回复内容如下。

提问

总结会议纪要中的关键要点和任务计划。

橙篇

这份文件是2025年第一季度产品规划会议的会议纪要，主要概述了会议讨论的关键要点、决策和任务计划。以下是关键要点和任务计划的总结：

产品目标：……

市场调研：……

功能规划：……

技术难题：……

市场推广：……

会议决定与任务计划：……

总结：本次会议明确了产品目标、市场调研、功能规划、技术难题解决及市场推广策略，并制定了详细的任务计划和后续行动方案，旨在通过提升用户体验、增强用户黏性、优化产品功能和加大市场推广力度，最终实现市场份额的提升。

5.1.2 AI翻译：旅游景点介绍

随着全球化的推进，国际旅游市场日益繁荣。将景点介绍翻译成英文，可以使来自不同国家和地区的游客更好地了解景点的历史、文化、特色及游览信息，从而吸引更多国际游客前来参观，促进当地旅游业的发展。下面介绍将景点介绍的中文翻译为英文的操作方法。

步骤01 在首页中单击"翻译"按钮，进入"未命名会话"页面，其中显示了翻译的相关内容，选中"中译英"单选按钮，如图5-4所示，此时橙篇要求用户输入一段文本内容。

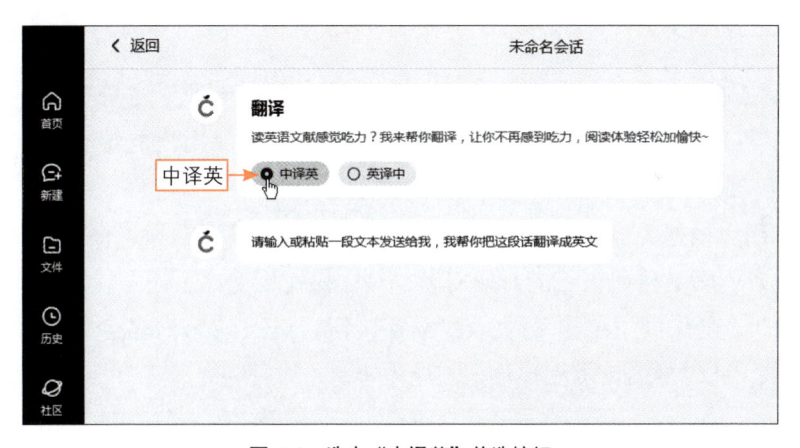

图5-4 选中"中译英"单选按钮

☆ 专家提醒 ☆

对于不懂中文的外国游客而言，英文景点介绍是他们获取游览信息的重要途径。通过详细的英文介绍，游客可以更深入地了解景点的背景故事、特色景观及游览路线，从而增强他们的旅游体验，使旅行更加充实和有意义。

步骤02 在下方的输入框中输入或粘贴一段文本内容，单击发送按钮，即可得到橙篇翻译的英文内容，相关指令和回复内容如下。

提问

黄山，被誉为"天下第一奇山"，以其奇松、怪石、云海、温泉四绝而闻名于世。黄山的云海尤为壮观，云雾缭绕间，山峰若隐若现，如梦幻仙境。游客可乘坐缆车至山顶，漫步于山巅步道，近距离感受云雾在脚下流淌的奇妙体验。日出时分，金光破云而出，映照着翻腾的云海，是摄影爱好者捕捉美景的绝佳时机。

橙篇

Huangshan Mountain, known as "the most wondrous mountain under heaven", is renowned worldwide for its four unique wonders: bizarre pines, grotesque rocks, sea of clouds, hot springs. The sea of clouds in Huangshan is particularly spectacular, with mist and clouds swirling around, the peaks appear and disappear, like a dreamy fairyland. Visitors can take the cable car to the top of the mountain and stroll along the trails on the peak, enjoying the magical experience of the clouds flowing beneath their feet. At sunrise, golden light breaks through the clouds, illuminating the billowing sea of clouds, making it a perfect time for photography enthusiasts to capture the stunning scenery.

5.1.3 学术搜索："智慧城市能源策略"

橙篇依托百度文库、百度学术等平台的数10亿级专业学术资料库，包含100万国内外学术站点，资料实时更新，确保用户能够获取到最新、最全面的科研资料。橙篇提供了专门的"学术搜索"功能，支持用户根据关键词、作者、出版物等条件进行精确搜索，快速定位到所需的学术文献，满足科研工作的专业需求，具体操作步骤如下。

步骤01 在首页中单击"学术搜索"按钮，进入"未命名会话"页面，如图5-5所示，此时橙篇要求用户输入主题内容。

图 5-5　进入"未命名会话"页面

第 5 章　提效一：办公文案的智能生成

步骤 02 在下方的输入框中输入相应的主题内容，单击发送按钮 ⬆，即可得到橙篇搜索到的科研文档资料，相关指令和回复内容如下。

提问

我正在进行一项关于"智慧城市能源策略"的研究，需要搜集该领域的最新进展、关键理论、实证研究结果以及技术突破等方面的文献。

橙篇

我找到了以下10篇文档，请查看：
1.《能源互联网支撑智慧城市发展》……
2.《基于物联网的智能建筑新能源应用管理系统的研究》……
3.《基于智慧能源建设的智慧城市发展的研究》……
4.《智慧城市建设是否促进了低碳发展？——基于国家智慧城市试点的"准自然实验"》……
5.《智慧城市建设对"双碳"目标实现的影响研究——基于中介效应的省级面板数据实证分析》……
6.《智慧城市能源低碳化建设方案》……
7.《面向智慧城市的电力能源块数据挖掘研究》……
8.《基于能源互联和"互联网+"理念的智慧园区2.0的研究》……
9.《面向智慧城市的能源互联网发展与建设探索》……
10.《能源互联网支撑智慧城市发展》……

5.1.4　校正润色：新媒体文章优化

橙篇能够智能检查文章中的语法错误、拼写错误、标点符号错误等常见问题，确保文章的准确性。除了基本的语言错误，橙篇还能进行语义分析，识别出文章中的逻辑错误、表述不清等问题，并给出改进建议，这种深度校正功能对于提升新媒体文章的质量至关重要。

另外，橙篇兼容多种文件格式（如PDF文档、Word文档、图片等），方便用户导入不同来源的文档进行校对。下面介绍使用橙篇的"校正润色"AI功能对新媒体文章进行文档校对的操作方法。

步骤 01 在首页中单击"校正润色"按钮，进入"未命名会话"页面，单击"上传文档"按钮，如图5-6所示。

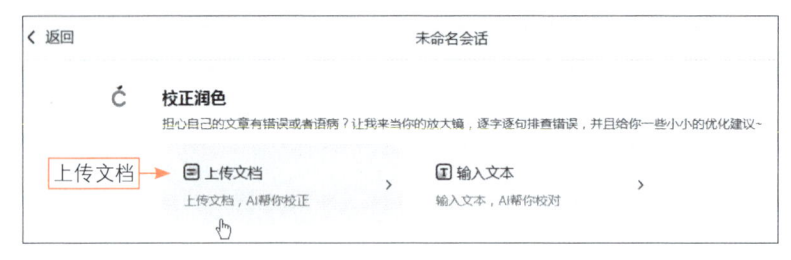

图 5-6 单击"上传文档"按钮

步骤02 上传一篇新媒体文章，并显示在输入框的下方，如图5-7所示。

图 5-7 上传一篇新媒体文章

步骤03 单击右侧的发送按钮，即可得到橙篇回复的文档校对报告及建议，如图5-8所示。

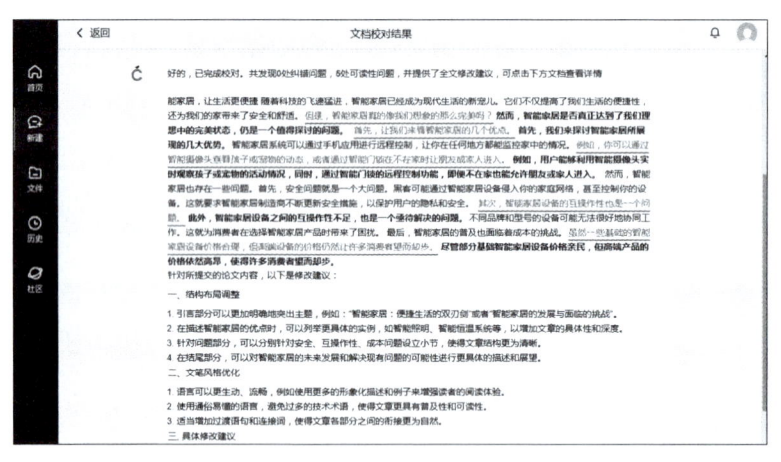

图 5-8 橙篇回复的文档校对报告及建议

5.1.5 AI撰写影评：《出走的决心》

橙篇具备强大的AI算法和知识库，为用户撰写影评提供了丰富的素材和背景知识，能够根据用户输入的电影名称或关键词，自动生成影评的初步框架和内容。用户可以根据个人喜好和观影感受，对生成的影评进行个性化定制，如修改观点、添加细节、调整语言风格等，以满足不同读者的需求。

橙篇的"长文写作"功能极大地提高了影评的撰写效率，用户只需简单输入相关信息，即可快速获得一篇高质量的影评内容。这对于需要快速产出影评的媒体工作者、影评人及电影爱好者来说，无疑是一个巨大的福音，相关案例的指令和回复如下。

提问

请针对电影《出走的决心》撰写一篇生动详细的影评，包括剧情概述、角色分析、视觉风格评价及整体观影感受，确保语言流畅，观点鲜明，能够吸引读者兴趣。

橙篇

电影《出走的决心》：勇敢追寻内心的诗篇

在纷繁复杂的电影世界中，《出走的决心》如同一股清流，以其深刻的主题、细腻的表演和独特的视觉风格，深深地打动了观众的心。这部电影不仅是一部关于女性自我觉醒与成长的叙事，更是一首献给所有渴望挣脱现实桎梏、勇敢追求内心梦想的诗篇。

剧情概述

《出走的决心》以一位名叫李红（××饰）的中年女性为主角，讲述了她在家庭和事业双重压力下，勇敢走出舒适区，追寻自我和梦想的故事。李红的一生充满了对知识、爱情与远方的向往，然而，这些梦想却被现实生活中的责任与期待所压制，一再推迟。直至50岁，她决定不再等待，以自驾游的方式，向世界宣告她要活出真我、追求梦想的决心。影片通过李红的人生阶段，展现了女性在家庭、社会和职场中的挣扎与成长，以及她如何在困境中勇敢出走，寻找属于自己的路。

角色分析……

视觉风格评价……

整体观影感受……

总之，《出走的决心》是一部值得一看再看的电影。它以其深刻的主题、细腻的表演和独特的视觉风格，为观众带来了一场关于勇气、梦想与自由的视听盛宴。愿每一位观众都能从中汲取力量，勇敢追寻属于自己的诗与远方。

5.1.6 AI生成小说：《田园晚晴归处》

橙篇基于先进的自然语言处理技术和深度学习算法，能够根据用户输入的关键词、主题或参考范文，自动生成内容丰富、结构清晰的长文。使用橙篇的"长文写作"功能可以一键生成万字长文小说，旨在为用户提供一种快速、高效的写作方式，相关案例的指令和回复如下。

提问

请撰写一篇关于"拒绝精神内耗，35岁单身女性辞职后回农村养老"的万字长文小说，书名为《田园晚晴归处》。

橙篇

《田园晚晴归处》——35岁单身女性辞职后回农村养老的故事

摘要

在都市生活的重压之下，《田园晚晴归处》以一位35岁单身女性林浅的视角，细腻描绘了她辞去高薪工作、回归田园生活的历程。小说深刻剖析了现代人在都市中面临的工作压力、人际关系困扰及内心挣扎，通过林浅的选择与成长，展现了个人对生活方式重塑的勇气与追求。林浅在农村的初体验与深入生活，不仅让她享受到了自然的宁静与淳朴的人情，更促使她进行深刻的自我反思与成长。小说以林浅的故事为线索，探讨了农村生活的宁静美好与现代都市生活的浮躁喧嚣之间的对比，以及在农村文化中的自我融入与成长。通过林浅的视角，读者得以重新审视自己的生活价值观，并对未来生活充满期许。小说最终以林浅对未来农村生活的积极展望和对乡村文化的热爱为结尾，传达出对自然、简单、真实生活方式的向往与追求。

……

5.2 使用通义AI生成办公文案

通义是阿里巴巴集团研发的一款先进的人工智能语言模型工具，于2023年4月开始邀请测试，并在同年9月13日正式向公众开放。随着产品的不断发展，通义千问在2024年5月更名为通义，寓意"通情、达义"，旨在成为用户在工作、学习和生活中的得力助手，包括网页Web平台、iOS及安卓平台。

通义基于超大规模的预训练语言模型，旨在为用户提供高效、智能的解决方案，它能够进行多轮对话，进行逻辑推理，理解多模态信息，并支持多种语言。本节主要介绍使用通义AI生成办公文案的操作方法。

5.2.1 AI生成爆款标题："生活好物分享"

标题文案作为一篇文章或一个视频的"门面"，起到给受众留下第一印象的作用。因此，创作者们在撰写文案和创作短视频时会格外重视标题文案的撰写，致力于打造出爆款标题文案。打造爆款标题文案可以掌握一定的技巧，运用通义则可以快速实现。用户在编写指令时，可以提供一些案例模板，让AI参考这些案例生成类似的标题风格。下面介绍使用通义一键生成爆款标题的操作方法。

步骤01 在浏览器中搜索并进入通义官网，单击左下角的"立即登录"按钮，如图5-9所示，可以通过手机短信验证的方式登录账号。

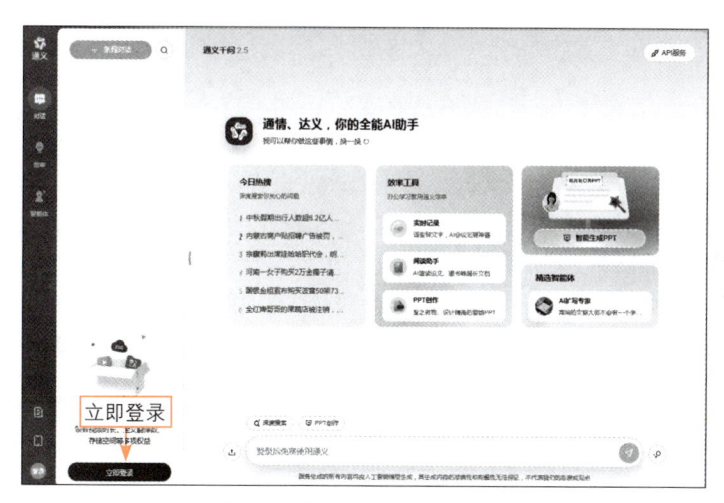

图5-9 单击"立即登录"按钮

步骤02 登录账号后，即可在输入框中输入生成爆款标题的相关指令，单击发送按钮，即可获得通义的回复，相关指令和回复内容如下。

提问

对于"生活好物分享"栏目的文章，我需要一些能吸引人的标题，体现数字式，具有视觉冲击力，例如：8个创意收纳工具，小空间大变身！

通义

当然可以。使用数字和具体的成果来构建标题是一种非常有效的吸引读者注意力的方法，因为它既提供了可量化的信息，也设定了明确的期望值。以下是一些针对"生活好物分享"栏目的标题建议：
5款智能家居小工具，轻松提升生活品质！
7个厨房神器，让你秒变烹饪大师！
9项家居装饰妙招，让家更有格调！
……

5.2.2　AI生成新媒体文章：创意文案

用户只需在通义中输入相关指令或简短描述，通义就能自动分析并生成相关的新媒体文案，大大提高了创作效率。如果用户需要撰写时尚类的新媒体文章，通义能够整合最新的潮流趋势、时尚秀场视频、设计师博客等内容，为文案创作提供丰富的素材和灵感，有助于用户快速把握时尚界的流行脉搏和搭配技巧的核心要点，并生成具有深度和广度的新媒体文案内容，提升文案的吸引力和传播效果，相关案例的指令和回复如下。

提问

生成一篇关于时尚潮流的创意新媒体文案，引导大家来品牌店体验最新潮流。

通义

【潮流新风尚，等你来定义 —— 与我们一起探索时尚的无限可能】

在这个快速变化的时代，每一季的潮流都在讲述着新的故事。作为时尚的领航者，我们的品牌一直致力于捕捉并引领这些令人兴奋的变化。现在，我们诚邀您加入这场视觉与灵感的盛宴，亲临我们的店铺，一起感受最新的潮流趋势，发现属于你的独特风格。

新品首发，尽在掌握……

个性化体验，打造专属Style……

连接世界，共享美好……

地址指引……

特别提示

为了给您带来更安全舒适的购物环境，请提前在线上平台进行预约参观。同时，我们也提供了虚拟试衣间服务，让您在家也能享受到如同亲临现场般的购物乐趣。

……

5.2.3　AI生成旅游方案：凤凰古城5日游

在规划旅游行程时，通义AI能够帮助用户轻松设计出详尽的旅行计划。例如，要生成一份凤凰古城5日游的旅游方案，只需输入相关信息，如出发日期、想参观的景点、预算和个人偏好等。AI将根据这些输入内容自动为用户生成一份完整的旅游计划，包括每天的行程安排、推荐景点、交通方式、餐饮住宿及预算管理等，相关案例的指令和回复如下。

提问

请为我生成一份凤凰古城5日游的旅游方案，内容要详细，行程安排要合理，推荐一些地方特色美食。

通义

凤凰古城是一个充满历史韵味和自然美景的地方，位于湖南省西部。以下是一份为期5天的凤凰古城旅游方案，包含了合理的行程安排和一些地方特色美食推荐。

第一天：抵达与初步探索

上午：到达凤凰古城，入住预订的酒店或客栈。

下午：简单休息后，开始漫步古城，熟悉环境。可以先逛逛沱江边，欣赏古色古香的吊脚楼建筑。

晚上：在沱江边品尝当地特色小吃，如血粑鸭、酸汤鱼等。

第二天：凤凰古城深度游……

第三日：周边景点探索……

第四天：文化体验与休闲……

第五天：购物纪念品与返程……

地方特色美食推荐：

1.血粑鸭：这是凤凰古城的一大特色，以糯米为原料，加入鸭血制成，口感独特。

2.酸汤鱼：用当地特制的酸汤烹饪而成的鲜美鱼肉，味道鲜辣开胃。

3.苗家菜：包括各种野菜以及用特殊方式腌制的肉类，体现了苗族人民的生活智慧。

4.米豆腐：一种以大米为主要原料制成的食品，软糯适口，通常会搭配辣椒酱食用。

5.腊肉：采用传统方法熏制而成，香味浓郁，适合佐酒。

请记得根据实际天气情况和个人偏好调整行程，并且提前预订门票及住宿，以确保旅途顺利愉快。祝您旅行愉快！

5.2.4　AI撰写活动方案：家具店开业优惠活动

　　通义在设计开业优惠活动策划方案时，不仅适用于线上活动，也适用于线下活动，它可以结合线上线下的优势，提出综合性的活动方案，帮助商家实现全渠道营销。通义在设计开业优惠活动策划方案方面，展现出了强大的自然语言处理能力、高效的方案设计能力、个性化定制服务及多场景应用等优势亮点，这些优势使得通义成为商家设计开业优惠活动策划方案的得力助手，相关案例的指令和回复如下。

提问

请为家具店设计一套开业优惠活动方案，旨在吸引顾客首次光顾并促进口碑传播。

通义

为家具店设计一套开业优惠活动方案，可以考虑结合线上线下的互动方式，以及提供吸引人的折扣和礼品，来吸引顾客首次光顾，并通过良好的服务体验促进口碑传播。以下是一套综合性的活动方案示例：

1. 开业预热阶段

社交媒体预告：在微博、微信公众号等社交平台上提前发布开业信息，包括店铺特色、产品介绍及开业活动预告。

邀请函发放：对潜在客户发送电子邀请函，承诺凭邀请函到店可享受特别优惠或小礼品。

2. 开业当天/周活动

限时折扣：设置特定时间段（如上午10点至下午2点）内全场商品享有额外折扣。

首单特惠：对于第一次光临的新客户，在购买任何商品时均可享受一定比例的直接减免。

满额赠品：消费达到一定金额后赠送实用家居用品或者定制礼品。

抽奖活动：每完成一笔交易即可参与一次现场抽奖……

会员制度推广：鼓励顾客注册成为会员，享受更多长期福利，比如积分兑换、生日礼物等。

免费送货安装：对于某些大型家具项目提供免费送货上门及专业安装服务。

VR体验区：设立虚拟现实体验区，让顾客能够"身临其境"地感受不同风格的家居布置效果。

3. 口碑营销策略……

4. 后续跟进……

通过上述一系列措施，不仅可以在短期内快速聚集人气，还能为长远发展打下良好基础。重要的是要确保所有宣传内容真实可信，提供的服务也应符合预期，这样才能真正赢得消费者的信任和支持。

5.2.5　AI撰写图书前言：《AI短视频创作攻略》

对于书籍前言这样的文本，需要具备一定的文采和深度，通义的语言生成能力能够满足这一需求。通义可以根据书籍的主题，进行深入的分析和理解，从而在前言中准确传达书籍的主旨和精髓，帮助用户更好地完成书籍前言的撰写工作。

在生成前言时，通义能够为用户提供清晰的内容框架，有助于用户更好地组织文本结构，相关案例的指令和回复如下。

🧑 提问

请为《AI短视频创作攻略》这本书生成一篇前言，包括本书的写作驱动和本书特色等内容。

🌟 通义

《AI短视频创作攻略》前言

在这个数字时代，视频内容已经成为信息传播与娱乐消费的主要形式之一。特别是随着移动互联网的普及和社交媒体平台的发展，短视频以其短小精悍、易于分享的特点迅速崛起，成为人们生活中不可或缺的一部分。与此同时，人工智能技术的进步为视频制作带来了前所未有的机遇——从智能剪辑到自动化生成，AI正逐渐改变着创作者们的工作方式。基于此背景，《AI短视频创作攻略》应运而生。

本书旨在为广大短视频爱好者及专业人士提供一份全面且实用的指南，帮助大家掌握利用AI工具进行高效创作的方法论。我们希望通过这本书能够激发更多人的创造力，并鼓励大家勇于尝试新技术，在不断变化的内容生态中找到属于自己的位置。

【写作驱动】

……

【本书特色】

……

无论你是刚踏入短视频世界的新人，还是希望借助AI力量进一步提升自己技能水平的老手，《AI短视频创作攻略》都将是你不可或缺的好帮手。让我们一起开启这段充满无限可能的旅程吧！

请注意，上述前言是虚构创建的示例文本，用于展示一本名为《AI短视频创作攻略》书籍可能会采用的形式和内容方向。实际上并不存在这样一本特定的书，如果需要具体针对某本真实存在的出版物撰写前言，则需要参考该书的实际内容与定位来进行定制化写作。

06

▶ 第 6 章

提效二：办公图片的智能生成

　　AI图像创作融合了机器学习与深度神经网络的力量，能够自动分析并学习成千上万张图像的特征，进而生成全新的、风格独特的艺术作品。而思维导图作为思维的导航图，能够以直观、灵活的方式帮助人们梳理工作思绪，构建清晰的思维蓝图。本章将通过文心一格和ProcessOn两款AI工具介绍AI图像创作与思维导图设计的操作方法。

6.1 使用文心一格生成办公图片

文心一格是百度推出的AI艺术和创意辅助平台,依托飞桨和文心大模型技术,为设计和创意人群提供智能生成多样化AI创意图片的服务。用户可通过简单描述生成创意画作,支持中文输入和多样风格选择,广泛应用于艺术创作、设计、教育等领域,是激发创意、提升设计效率的有力工具。本节主要介绍使用文心一格网页版进行AI绘画的方法,帮助大家实现"一语成画"的目标。

6.1.1 以文生图:可爱小松鼠

用户可以直接使用文心一格的"推荐"AI绘画模式,只需输入提示词(该平台也将其称为创意),即可让AI自动生成画作,效果如图6-1所示。

图 6-1 效果展示

下面介绍在文心一格中使用提示词生成图片的操作方法。

步骤01 在浏览器中搜索并进入文心一格官网,单击右上角的"登录"按钮,如图6-2所示,即可使用百度、QQ、微博及微信等方式登录账号。

图 6-2 单击"登录"按钮

步骤02 登录账号后，在首页右上方单击"立即创作"按钮或单击页面上方的"AI创作"标签，切换至"AI创作"页面，输入相应的提示词，指导AI生成特定的图像，如图6-3所示。

图6-3 输入相应的提示词

步骤03 ❶在下方设置"比例"为"横图"，"数量"为1；❷单击"立即生成"按钮；❸即可生成一幅AI绘画作品，如图6-4所示。

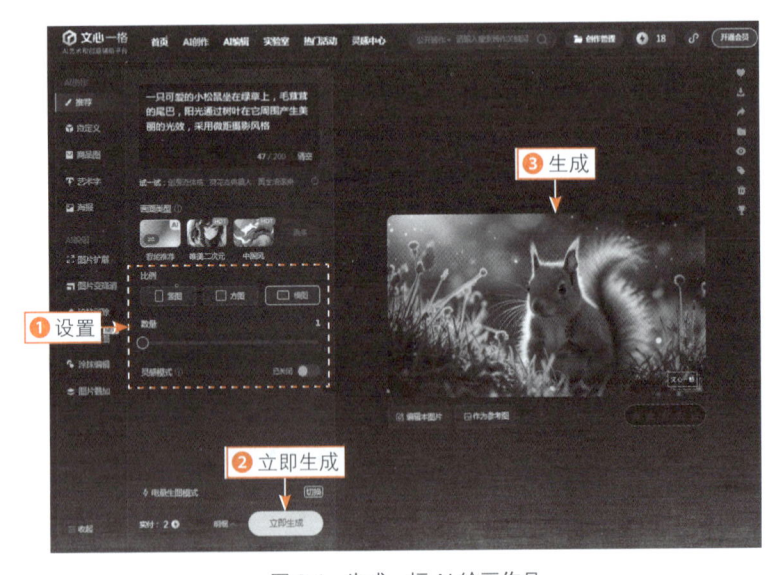

图6-4 生成一幅AI绘画作品

6.1.2 生成二次元漫画：阳光少年

对于喜欢二次元文化的人来说，漫画图片是一种重要的娱乐和放松方式，它们色彩鲜艳、造型独特，融合了绘画、设计及色彩等多种元素，展现出独特的审美价值，对于艺术家和设计师来说，这些图片可以提供灵感和创意，促进艺术的创新和发展。在商业领域，二次元漫画图片被广泛应用于广告、游戏、动漫及玩具等产品的推广中，它们能够吸引目标消费群体的注意，增加产品的吸引力和销售量。同时，这些图片也成为了品牌塑造和营销的重要手段之一，效果如图6-5所示。

图 6-5 效果展示

下面介绍使用文心一格生成二次元漫画图片的操作方法。

步骤01 进入文心一格官网，在"AI创作"页面中输入相应的提示词，指导AI生成特定的图像，如图6-6所示。

图 6-6 输入相应的提示词

步骤02 ❶在下方设置"画面类型"为"唯美二次元"，"比例"为"横图"，"数量"为1；❷单击"立即生成"按钮；❸即可生成一幅二次元漫画图片，如图6-7所示。

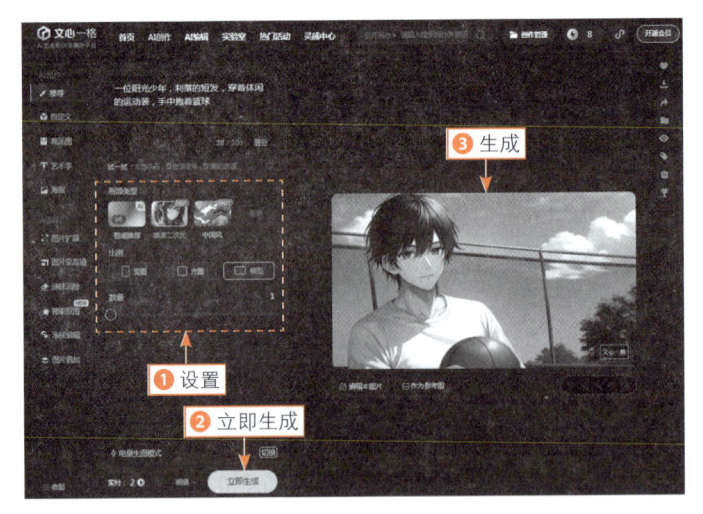

图6-7　生成一幅二次元漫画图片

6.1.3　设计绘本插画："梦幻森林奇遇"

绘本插画能够以直观、生动的图像语言补充或强化文字内容，帮助读者更好地理解故事情节、角色性格和场景氛围。对于儿童尤其是低龄儿童来说，色彩鲜艳、形象可爱的插画能够迅速抓住他们的眼球，激发他们的阅读兴趣。使用文心一格可以轻松地创作出极具吸引力的绘本插画，效果如图6-8所示。

图6-8　效果展示

下面介绍使用文心一格设计儿童绘本插画的操作方法。

步骤01 在"AI创作"页面中，❶切换至"自定义"选项卡；❷输入相应的提示词，如图6-9所示。

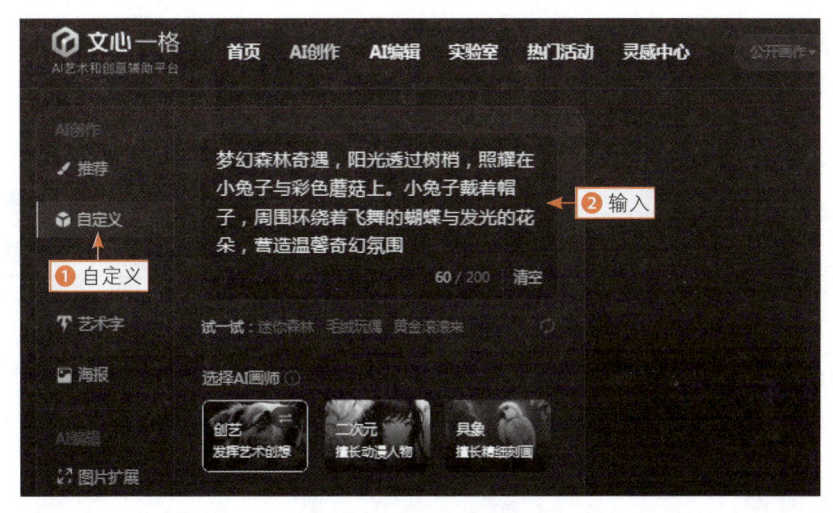

图6-9 输入相应的提示词

步骤02 ❶在下方设置"尺寸"为4∶3，"数量"为1；❷单击"立即生成"按钮；❸即可生成一张4∶3尺寸的绘本插画，如图6-10所示。

图6-10 生成一张4∶3尺寸的绘本插画

6.1.4 生成风光图片：绿色草原

在文心一格中，可以使用"自定义"功能生成2560×1440像素的高清图片，这样的高分辨率图片能够提供更丰富的细节和更清晰的视觉效果，尤其适用于打印、广告、电影特效或高质量的数字艺术展示，效果如图6-11所示。

图 6-11 效果展示

下面介绍使用文心一格生成高清风光图片的操作方法。

步骤01 在"AI创作"页面中，❶切换至"自定义"选项卡；❷输入相应的提示词，如图6-12所示。

步骤02 ❶在下方设置"尺寸"为16:9；❷单击分辨率右侧的微调按钮；❸在打开的下拉列表框中选择2560×1440选项，如图6-13所示，设置高清分辨率。

图 6-12 输入相应的提示词　　图 6-13 设置相应的参数

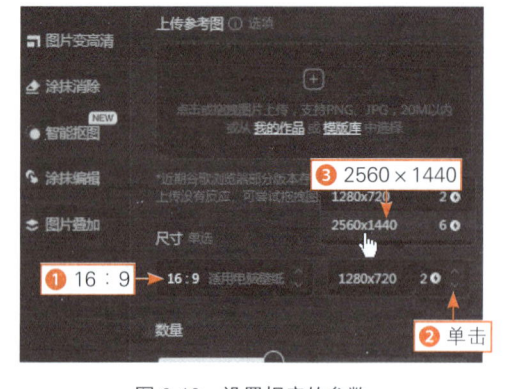

步骤 03 ❶继续设置"数量"为1；❷单击"立即生成"按钮；❸即可生成一张高清风光图片，如图6-14所示。

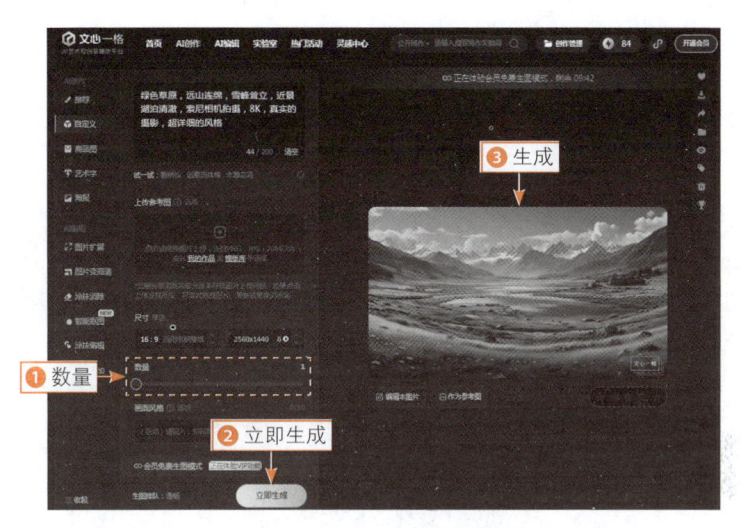

图 6-14　生成一张高清风光图片

6.1.5　以图生图：长发女生

使用文心一格的"上传参考图"功能，用户可以上传任意一张图片，通过文字描述想修改的地方，实现以图生图，原图与效果图对比如图6-15所示。

图 6-15　原图与效果图对比

下面介绍使用文心一格上传参考图片以图生图的操作方法。

步骤01 在"AI创作"页面中，❶切换至"自定义"选项卡；❷单击"上传参考图"下方的 按钮，如图6-16所示。

步骤02 ❶上传一张参考图；❷输入相应的提示词，指导AI生成特定的图像；❸在下方设置"影响比重"为8，该数值越大，参考图的影响就越大，如图6-17所示。

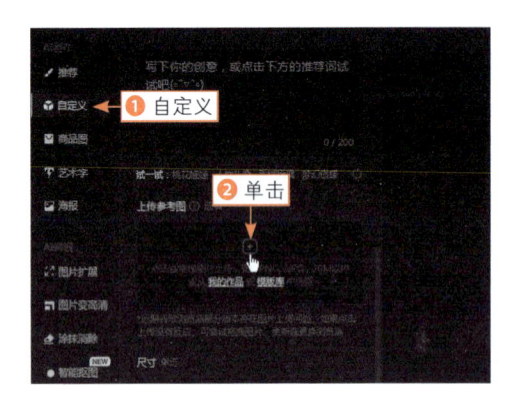

图 6-16　单击相应按钮　　　　　　图 6-17　设置"影响比重"参数

步骤03 ❶继续设置"尺寸"为9∶16，"数量"为1；❷单击"立即生成"按钮；❸即可生成一张长发女生图片，如图6-18所示。

图 6-18　生成一张长发女生图片

6.1.6 AI艺术字设计："幸"

使用文心一格的"艺术字设计"功能，可以生成个性化艺术字，效果如图6-19所示。艺术字通过独特的造型、色彩和布局，能够迅速吸引人们的注意力。在品牌宣传或节日活动中，使用艺术字作为海报、横幅、邀请函或现场装饰的一部分，能够瞬间提升整体的视觉效果，让活动更加引人注目。

图 6-19　效果展示

下面介绍使用文心一格设计AI艺术字的操作方法。

步骤01　进入文心一格首页，单击"艺术字设计"中的"去试试"按钮，如图6-20所示。

步骤02　进入"AI创作"中的"艺术字"页面，❶在"中文"选项卡中输入文本"幸"；❷在"字体创意"文本框中输入相应的提示词，如图6-21所示。

图 6-20　单击"去试试"按钮

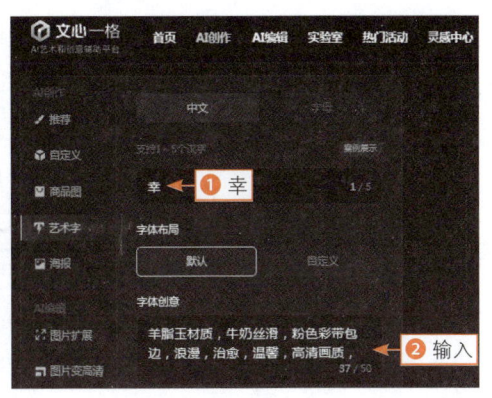

图 6-21　输入相应的提示词

步骤03 ❶在下方设置"影响比重"为3，该数值越大，字体变形的程度越大；❷单击"立即生成"按钮；❸即可生成一张"幸"字图片，如图6-22所示。

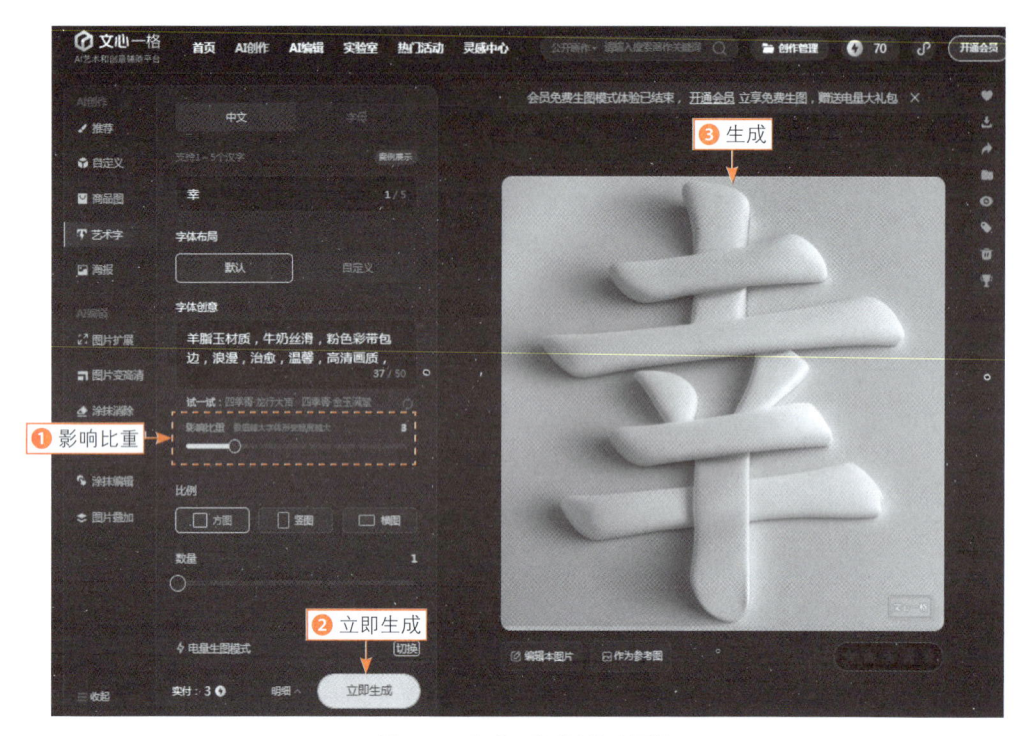

图 6-22 生成一张"幸"字图片

6.2 使用 ProcessOn 生成思维导图

ProcessOn是一款功能强大的在线作图工具和知识分享社区，它提供了丰富的图形绘制和团队协作功能，广泛应用于工作、学习和生活等各个领域。ProcessOn是一个基于云的在线工具，用户可以直接在浏览器中进行编辑，无须安装任何软件，它支持流程图、思维导图、组织结构图、UML图及网络拓扑图等多种图形的绘制。

用户可以在浏览器中搜索并进入ProcessOn官网，其官网页面如图6-23所示，单击"登录"按钮，通过微信、QQ、微博、谷歌及手机短信验证码等方式登录账号。如果没有账号，可以单击"免费注册"按钮，免费注册一个账号。

图 6-23　ProcessOn 官网页面

本节将通过相关案例详细介绍使用ProcessOn工具设计思维导图的操作方法。

6.2.1　整理与汇报：工作周报

ProcessOn广泛应用于项目管理、信息整理和报告撰写等场景。使用ProcessOn的"思维导图"功能，可以帮助用户将复杂的工作内容清晰地呈现出来，特别适用于整理和汇报工作进展。

比如，在撰写工作周报时，它能够有效地帮助用户将一周的工作内容进行结构化分解，让汇报更直观、内容条理更清晰，部分效果如图6-24所示。

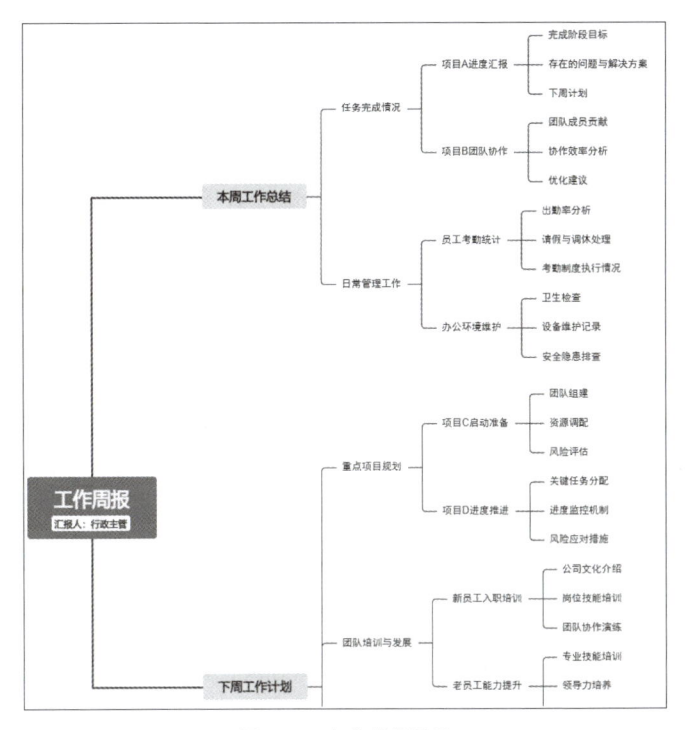

图 6-24　部分效果展示

下面介绍使用ProcessOn绘制工作周报类思维导图的操作方法。

步骤01 在浏览器中搜索并进入ProcessOn官网。登录账号后，"登录"按钮将变为"进入我的文件"按钮，单击该按钮，进入ProcessOn的创建页面，❶单击页面左上角的"新建"按钮；❷在打开的面板中单击"思维导图"按钮，如图6-25所示。

图6-25　单击"思维导图"按钮

步骤02 进入"未命名文件"页面，这是一个空白的页面，用户在这里可以新建需要的思维导图，单击右下角的"更多模板"按钮，如图6-26所示，通过模板新建思维导图。

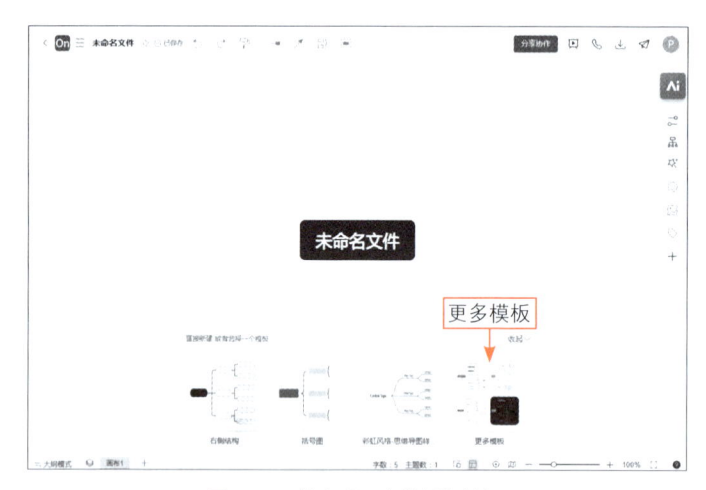

图6-26　单击"更多模板"按钮

步骤03 打开"去往模板首页"窗口，找到"场景-工作周报"思维导图模板，单击"使用"按钮，如图6-27所示。

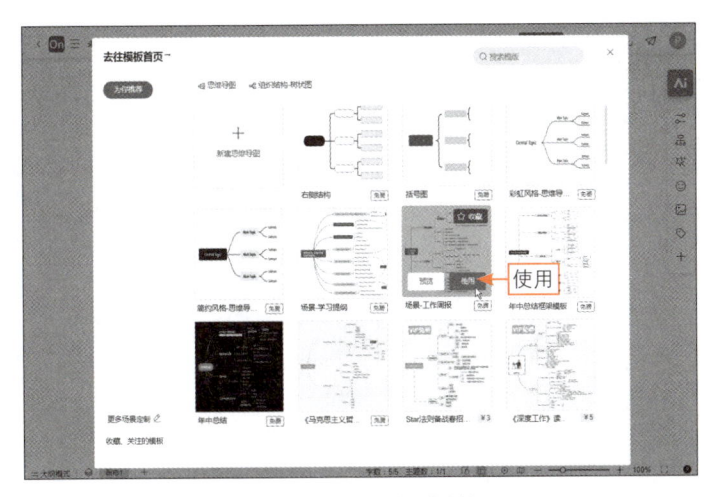

第 6 章　提效二：办公图片的智能生成

图 6-27　单击"使用"按钮

步骤 04 执行操作后，即可快速创建一个工作周报思维导图并显示在页面中，如图6-28所示。在其中双击相应的文本，可以修改文本的内容。选择主题，单击页面右侧的"AI助手"按钮，将打开"AI助手"面板，在其中输入相应的提示词（如行政主管的工作周报），可以指导AI在思维导图中生成相应的内容。

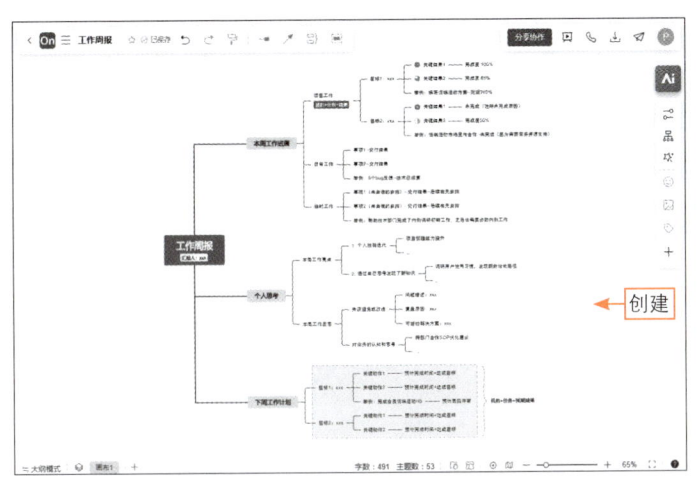

图 6-28　创建一个工作周报思维导图

步骤 05 思维导图制作完成后，单击页面上方的下载按钮，在打开的下拉列表框中选择JPG选项，如图6-29所示，设置导出的格式为JPG图片。

步骤 06 弹出"下载预览"对话框，保持默认设置，单击下方的"开始导出"按钮，如图6-30所示，即可将思维导图导出为JPG图片。

105

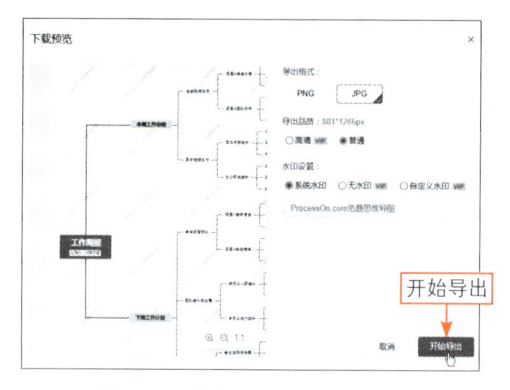

图 6-29　选择 JPG 选项　　　　　图 6-30　单击"开始导出"按钮

6.2.2　梳理与管理：企业经营类思维导图

企业经营类思维导图可以系统地梳理出企业的战略目标、市场环境、竞争对手及内部资源，并将企业的战略目标分解为可执行的子任务或项目，有助于确保所有成员对企业的方向有共同的理解，促进跨部门沟通，实现企业的总目标。这有助于优化管理层次，明确职责划分，提高团队协作效率，部分效果如图6-31所示。

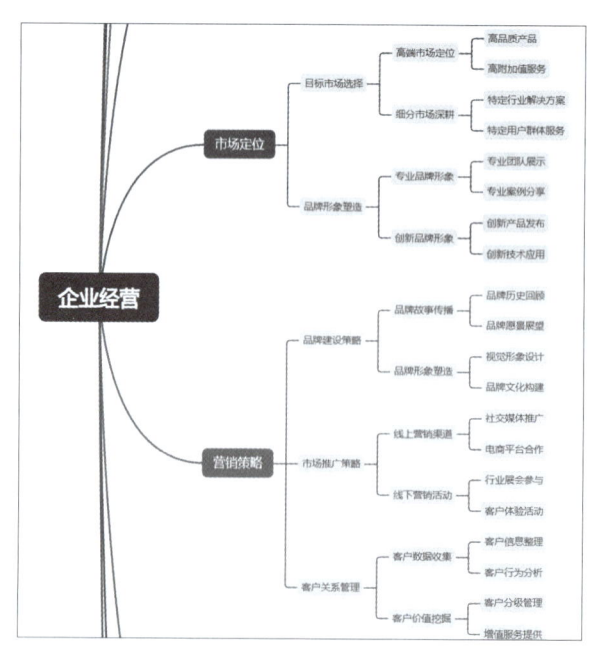

图 6-31　部分效果展示

第 6 章　提效二：办公图片的智能生成

下面介绍使用ProcessOn绘制企业经营类思维导图的操作方法。

步骤01 在ProcessOn创建页面中单击"新建"按钮，在打开的面板单击"思维导图"按钮，进入"未命名文件"页面。❶修改"未命名文件"为"企业经营"；❷单击页面右侧的"AI助手"按钮，打开"AI助手"面板，如图6-32所示，可以通过AI功能创建思维导图。

图 6-32　单击"AI 助手"按钮

步骤02 在"内容创作"文本框中输入相应的提示词，指导AI生成相应的企业经营思维导图，如图6-33所示。

图 6-33　输入相应的提示词

步骤03 单击发送按钮 ▶ ，即可生成一张企业经营思维导图，如图6-34所示。

107

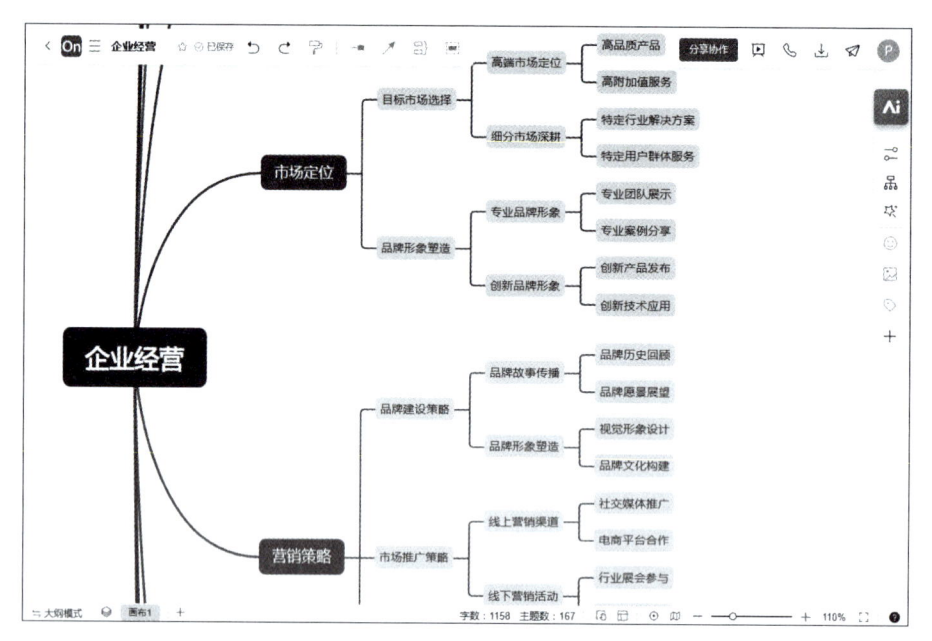

图 6-34 生成一张企业经营思维导图

☆ 专 家 提 醒 ☆

在"AI助手"面板的"内容处理"选项区中，各主要功能按钮含义如下。

❶ 风格美化：AI助手可以对页面中的内容进行智能风格美化，帮助用户快速调整图形的美观度和专业度。

❷ 语法修复：对于文本内容，AI助手可以提供语法修复功能，确保文本表达的准确性和流畅性。

❸ 中英翻译：支持中英文之间的翻译，以方便国际用户或需要多语言支持的用户。单击"翻译为英文"按钮，可以将文本翻译为英文内容；单击"翻译为中文"按钮，可以将文本翻译为中文内容。

❹ 图片转文字：AI助手可以自动识别图片中的文字信息，并将文字提取出来，减少手动输入的工作量。

6.2.3 设计与开发：产品规划图

产品规划类思维导图在产品设计、开发和管理过程中具有多方面的用途，它可以明确产品的目标和方向，通过中心主题和分支结构，清晰呈现产品的设计与开发过程，帮助团队成员对产品进行调整和优化，部分效果如图6-35所示。

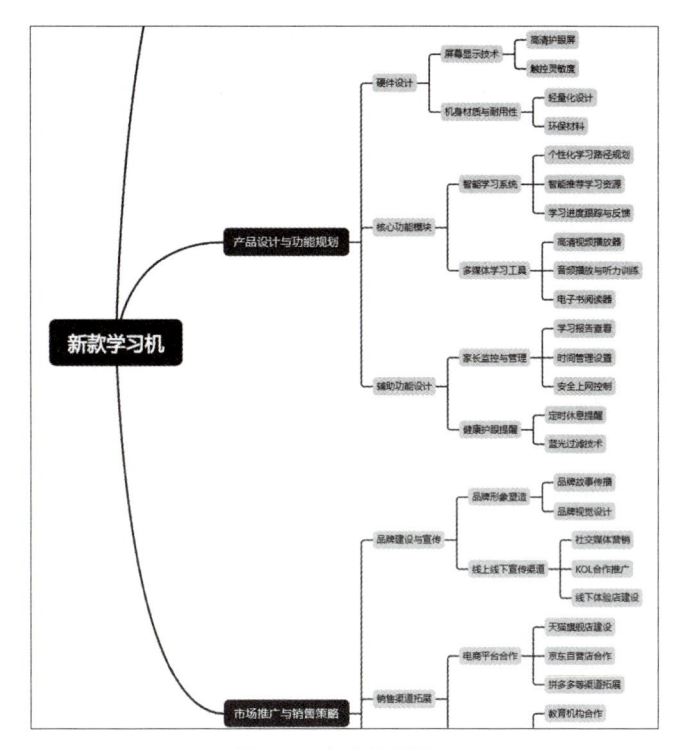

图 6-35　部分效果展示

下面介绍使用ProcessOn绘制产品规划类思维导图的操作方法。

步骤01 在ProcessOn创建页面中单击"新建"按钮,在打开的面板中单击"思维导图"按钮,进入"未命名文件"页面。❶修改"未命名文件"为"新款学习机";❷单击页面右侧的"AI助手"按钮 Ai,打开"AI助手"面板;❸在"内容创作"文本框中输入提示词"新款学习机的产品规划",指导AI生成相应的产品规划思维导图,如图6-36所示。

图 6-36　输入相应的提示词

步骤02 单击发送按钮➤，即可生成一张产品规划思维导图，如图6-37所示。

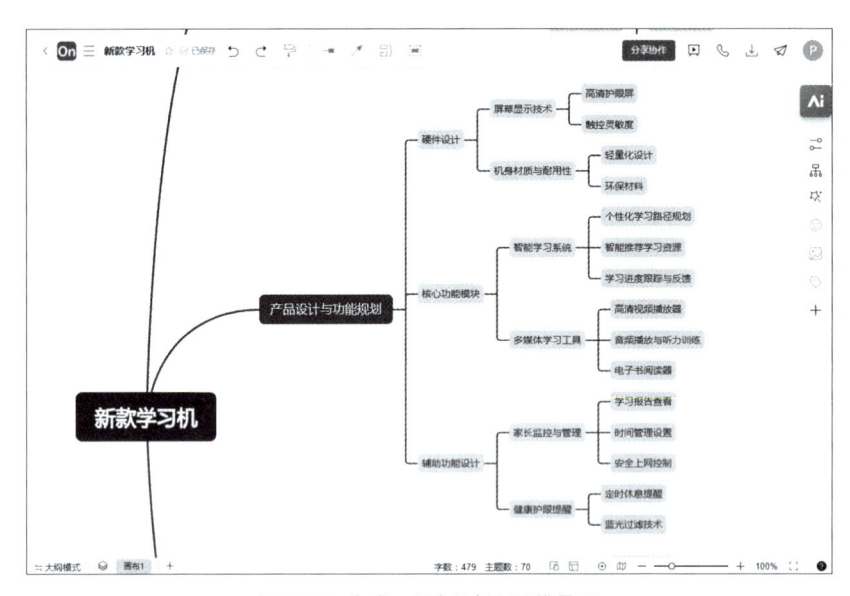

图 6-37　生成一张产品规划思维导图

第 7 章

提效三：办公视频的智能生成

目前，市场上有多种AI办公视频创作工具，如即梦AI和剪映等，提供了从文本到视频的全方位AI创作服务。AI生成视频不仅提升了创作效率，还带来了更多创意和个性化的选择，广泛应用于社交媒体、企业宣传、教育及娱乐等多个领域。本章主要介绍使用即梦AI和剪映两款AI工具进行AI视频创作与剪辑的操作方法。

7.1 使用即梦AI将想法转化为视频

即梦AI是由字节跳动公司的剪映团队推出的一款AI图片与视频创作工具，用户只需要提供简短的文本描述，即梦AI就能快速根据这些描述将创意和想法转化为图像或视频画面，这种方式极大地简化了创意内容的制作过程，让创作者能够将更多的精力投入到创意和故事的构思中。本节主要介绍使用即梦AI一键智能生成视频内容的操作方法。

7.1.1 文本生视频：饕餮传说

在即梦AI中，"文本生视频"技术允许用户输入文本描述来生成视频，用户可以提供场景、动作、人物、动物及情感等文本信息，AI将根据这些描述自动生成相应的视频内容，包括人物、动物、背景、环境和氛围等，效果如图7-1所示。

图7-1 效果展示

下面介绍在即梦AI中输入提示词生成视频效果的操作方法。

步骤01 在浏览器中搜索并进入即梦AI官网，用户可以使用抖音App扫码登录账号，进入即梦AI首页。在"AI视频"选项区中单击"视频生成"按钮，如图7-2所示，即可使用"视频生成"功能进行AI创作。

步骤02 进入"视频生成"页面，单击"文本生视频"标签，切换至"文本生视频"选项卡，如图7-3所示。

步骤03 在上方的文本框中输入相应的视频描述内容，指导AI生成特定的视频，如图7-4所示。

步骤04 在下方设置"视频比例"为16∶9，生成横幅视频，如图7-5所示。

第 7 章　提效三：办公视频的智能生成

单击"生成视频"按钮，AI开始解析视频描述内容并转化为视觉元素，在页面右侧会显示视频生成进度。

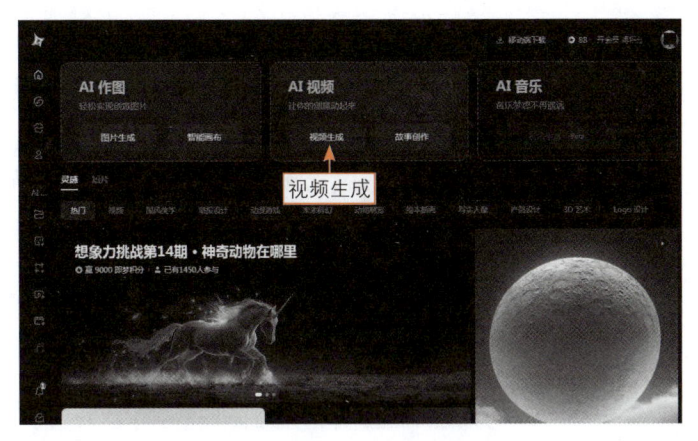

图 7-2　单击"视频生成"按钮

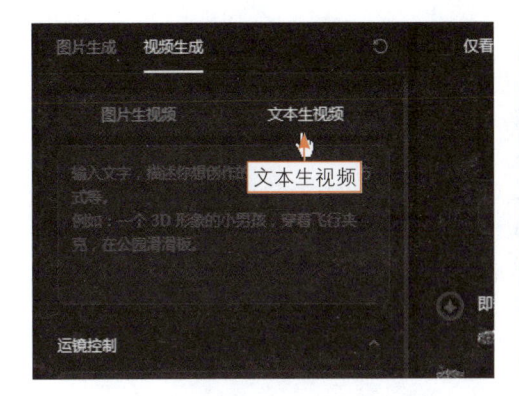

图 7-3　切换至"文本生视频"选项卡

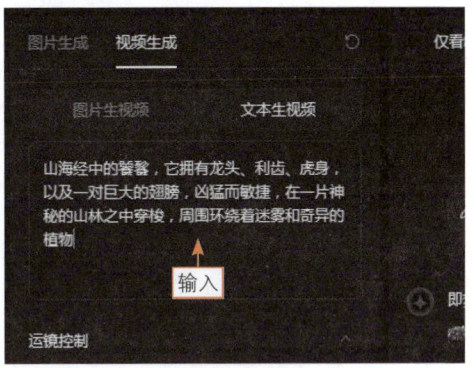

图 7-4　输入相应的视频描述内容

图 7-5　设置"视频比例"为 16∶9

113

步骤05 稍等片刻，待视频生成完成后，即可显示视频的画面效果，如图7-6所示。将鼠标移至视频画面上，将自动播放视频。

图 7-6　AI 生成的视频画面效果

7.1.2　图片生视频：沙漠红衣美女

在AI图片生视频的世界里，将静态图像转化为动态视频的艺术正变得越来越容易。随着人工智能技术的飞速发展，现在有多种方法来实现这一创造性的转换。

单图快速实现图片生视频是一种高效的AI视频生成技术，它允许用户仅通过一张静态图片迅速生成视频内容，非常适合需要快速制作动态视觉效果的场合，无论是社交媒体的短视频，还是在线广告的快速展示，都能轻松实现，效果如图7-7所示。

图 7-7　效果展示

第 7 章　提效三：办公视频的智能生成

下面介绍在即梦AI中上传参考图生成视频的操作方法。

步骤01 进入"视频生成"页面，在"图片生视频"选项卡中单击"上传图片"按钮，如图7-8所示。

步骤02 上传一张图片素材至"视频生成"页面中，如图7-9所示。

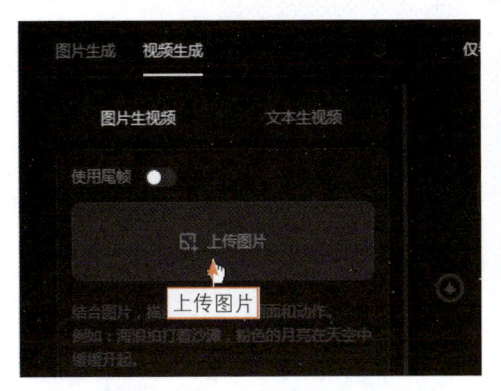

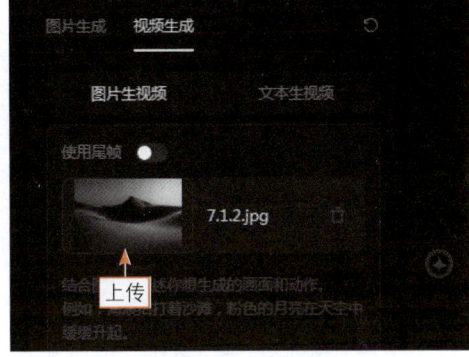

图 7-8　单击"上传图片"按钮　　图 7-9　上传一张图片素材

步骤03 在下方的文本框中输入相应的提示词（即描述词），指导AI生成特定的视频，如图7-10所示。

步骤04 单击"生成视频"按钮，AI开始解析图片内容，并根据图片内容生成动态效果。稍等片刻，即可生成视频，将鼠标移至视频画面上，将自动播放视频，如图7-11所示。

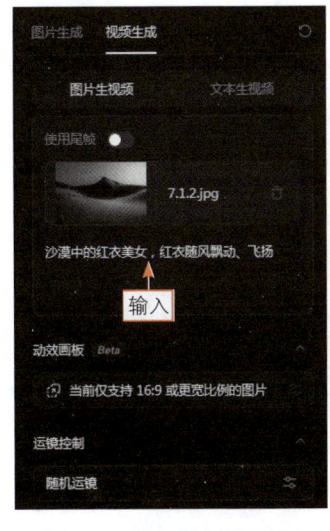

图 7-10　输入相应的提示词　　图 7-11　自动播放 AI 视频效果

7.1.3　首尾帧视频：日夜交替

在即梦AI中，使用首帧与尾帧生成视频是一种基于关键帧的动画技术，通常用于动画制作和视频生成。这种方法允许用户定义视频的起始状态（首帧）和结束状态（尾帧），然后AI会在这两个关键帧之间自动生成中间帧，从而创造出流畅的动画效果。

首尾帧视频的制作为用户提供了精细控制视频动态过程的能力，尤其适合制作复杂的四季变换、日夜交替等视频效果，如图7-12所示。

图 7-12　效果展示

下面介绍在即梦AI中使用首帧与尾帧生成视频效果的操作方法。

步骤 01 进入"视频生成"页面，在"图片生视频"选项卡中开启"使用尾帧"功能，如图7-13所示。

步骤 02 单击"上传首帧图片"按钮，上传一张首帧图片素材，如图7-14所示。

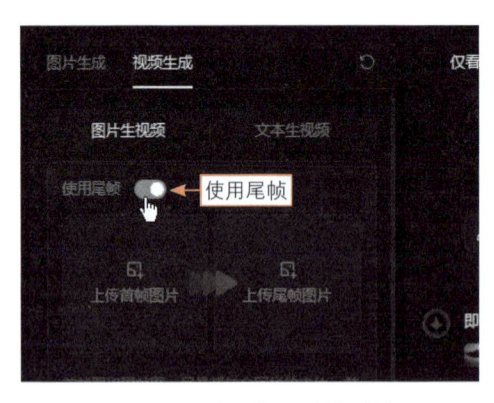

图 7-13　开启"使用尾帧"功能　　　　图 7-14　上传一张首帧图片素材

步骤 03 单击"上传尾帧图片"按钮，上传一张尾帧图片素材，如图7-15所示。

步骤04 单击"生成视频"按钮，AI即可通过首帧与尾帧生成相应的视频效果，如图7-16所示。

图 7-15　上传一张尾帧图片素材

图 7-16　通过首帧与尾帧生成相应的视频效果

7.1.4　做同款视频：浴火重生

"做同款视频"功能鼓励社区互动，用户可以基于社区中流行的视频作品进行创作和分享。

"做同款视频"功能降低了视频创作的技术门槛，使得更多用户能够轻松参与。电影片段可以作为电影、电视剧或其他媒体内容的预告片或宣传材料，吸引观众的兴趣和期待。在即梦AI中，使用"做同款视频"功能可以快速生成电影特效视频，效果如图7-17所示。

图 7-17　效果展示

下面介绍在即梦AI中使用"做同款视频"功能轻松生成电影特效的操作方法。

步骤01 在即梦AI首页的左侧选择"探索"选项,切换至"探索"页面,如图7-18所示。

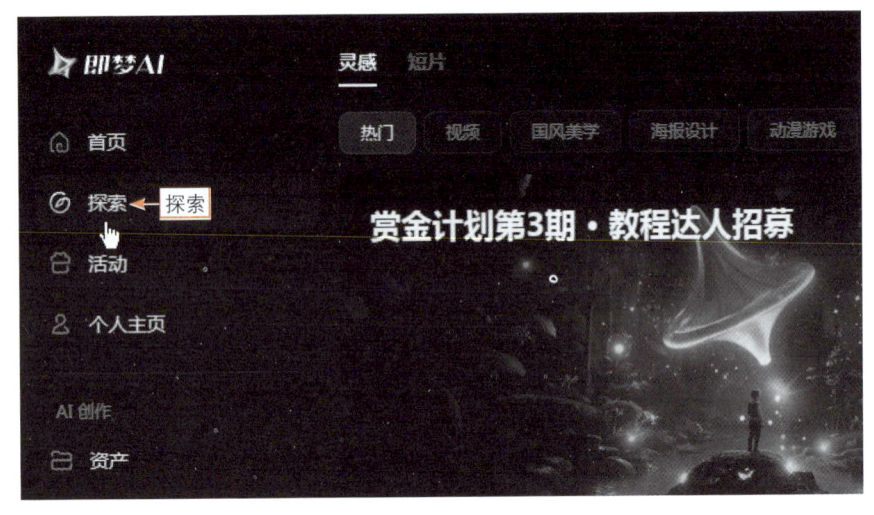

图 7-18 切换至"探索"页面

步骤02 在"灵感"选项卡中,❶单击"视频"标签,切换至"视频"素材库;❷在其中选择相应的电影特效视频,如图7-19所示。

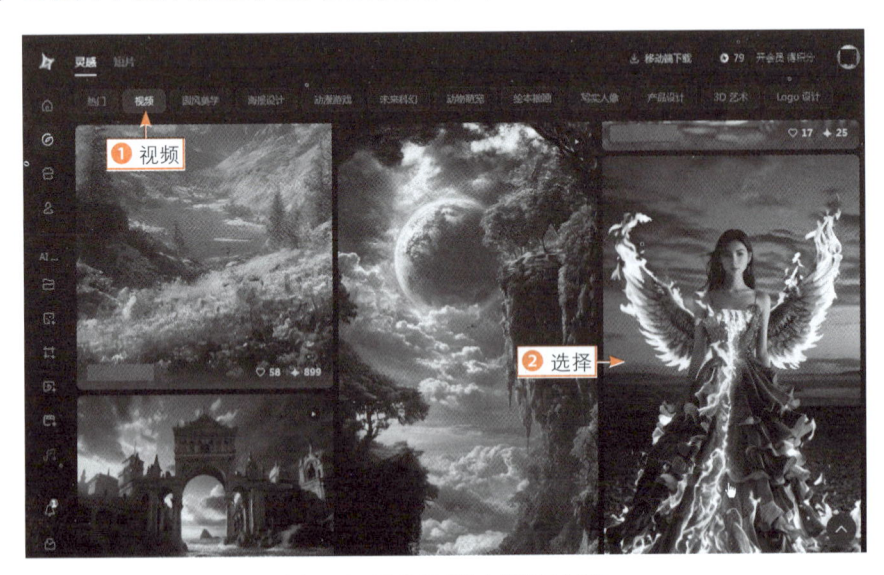

图 7-19 选择相应的电影特效视频

第 7 章 提效三：办公视频的智能生成

步骤 03 打开相应页面，可以预览视频的效果，在右侧面板中可以查看视频生成的描述词和运镜方式。单击右下角的"做同款视频"按钮，如图7-20所示。

图 7-20 单击"做同款视频"按钮

步骤 04 打开"视频生成"面板，各选项为默认设置，直接单击"生成视频"按钮，如图7-21所示。

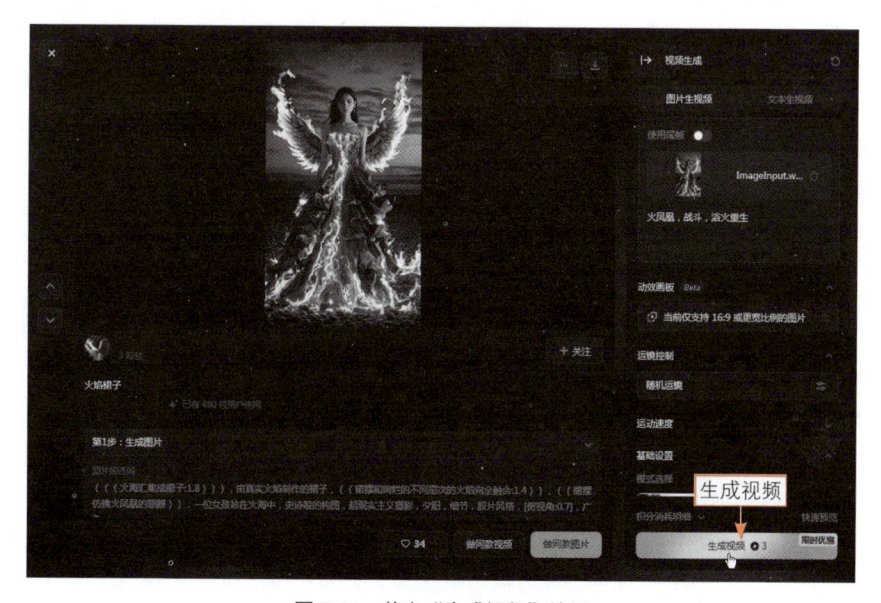

图 7-21 单击"生成视频"按钮

步骤 05 执行操作后，即可生成同款电影特效视频，如图7-22所示。

图 7-22　生成同款电影特效视频

7.2 使用剪映App提升剪辑效率

剪映App是抖音推出的一款视频编辑工具，支持变速、滤镜、美颜、蒙版等多种效果，并拥有丰富的曲库资源和多样化的贴纸、字体选择。随着剪映版本的更新，AI视频制作功能越来越齐全、便捷，可以帮助用户快速提升视频剪辑效率，节省剪辑的时间。本节主要介绍通过剪映的AI功能制作视频、提升效率的操作方法。

7.2.1　一键成片：蝶恋花

使用剪映的"一键成片"功能，用户不再需要具备专业的视频编辑技能或花费大量时间进行后期处理，只需几个简单的步骤，就可以将图片、视频片段、音乐和文字等素材融合在一起，AI将自动为用户生成一段流畅且吸引人的视频，效果如图7-23所示。

下面介绍使用"一键成片"功能制作蝶恋花视频效果的操作方法。

步骤 01 打开剪映App，在"剪辑"界面的功能区中点击"一键成片"按钮，如图7-24所示。

图 7-23　效果展示

步骤 02 ❶在"照片视频"选项卡中依次选择3张图片；❷点击"下一步"按钮，如图7-25所示。

步骤 03 进入"选择模板"界面，❶选择喜欢的模板并预览；❷如果对效果满意，点击"导出"按钮，如图7-26所示，将视频导出即可。

图 7-24　点击"一键成片"按钮　　图 7-25　点击"下一步"按钮　　图 7-26　点击"导出"按钮

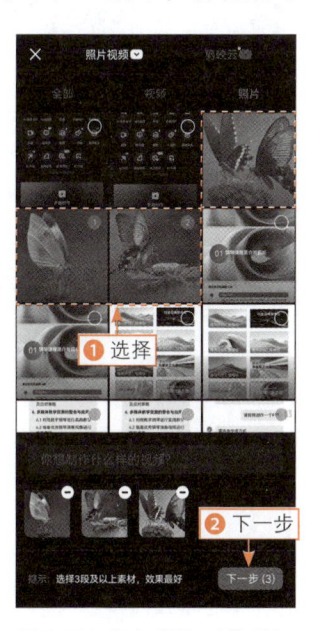

121

7.2.2 图文成片：川味麻婆豆腐

使用剪映App的"图文成片"功能，可以帮助用户将静态的图片和文字转化为动态的视频，从而吸引更多的观众注意力，并提升内容的表现力。

通过"图文成片"功能，用户可以轻松地将一系列图片和文字编排成具有吸引力的视频。"图文成片"功能不仅简化了视频制作流程，还为用户提供了丰富的创意空间，让他们能够以全新的方式分享信息和故事，效果如图7-27所示。

图 7-27　效果展示

下面介绍使用"图文成片"功能制作美食推荐视频效果的操作方法。

步骤01 打开剪映App，在"剪辑"界面的功能区中点击"图文成片"按钮，如图7-28所示。

步骤02 进入"图文成片"界面，在"智能文案"选项区中选择"美食推荐"选项，如图7-29所示。

步骤03 执行操作后，进入"美食推荐"界面，❶输入相应的美食名称和主题；❷选择合适的视频时长；❸点击"生成文案"按钮，如图7-30所示。

步骤04 进入"确认文案"界面，AI将生成文案内容，点击"生成视频"按钮，如图7-31所示。

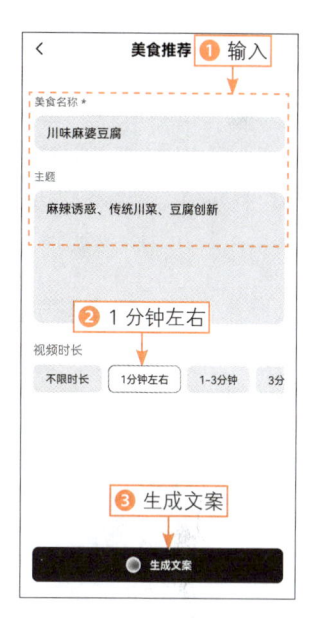

第 7 章 提效三：办公视频的智能生成

图 7-28 点击"图文成片"按钮　　图 7-29 选择"美食推荐"选项　　图 7-30 点击"生成文案"按钮

步骤 05　执行操作后，打开"请选择成片方式"面板，选择"智能匹配素材"选项，如图 7-32 所示。

步骤 06　执行操作后，即可自动合成视频效果，如图 7-33 所示。

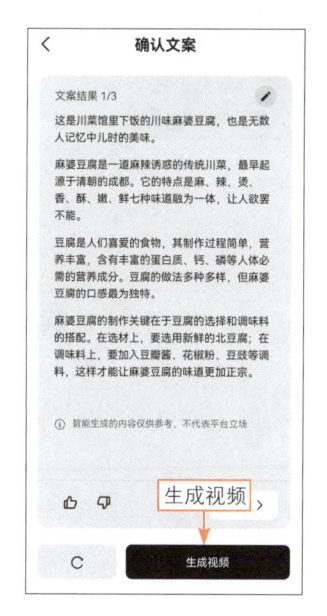

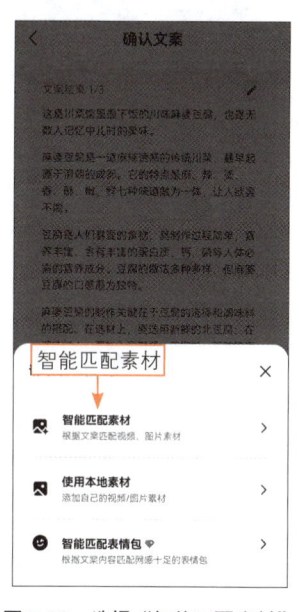

图 7-31 点击"生成视频"按钮　　图 7-32 选择"智能匹配素材"选项　　图 7-33 自动合成视频

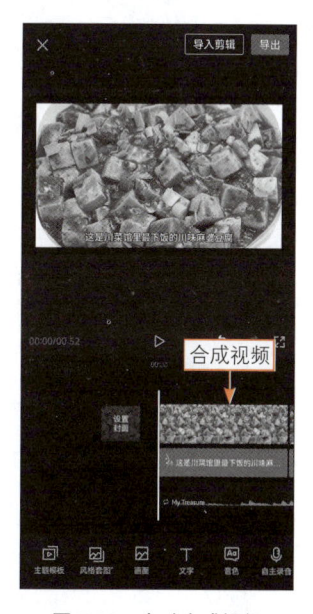

123

7.2.3 营销成片：骨瓷花瓶

剪映App的"营销成片"功能是专为商业营销和广告宣传而设计的，它利用AI技术能够快速制作出具有吸引力的视频广告或营销内容，特别适合需要在社交媒体、电商平台等营销渠道上推广产品和品牌的商家和营销人员，效果如图7-34所示。

图 7-34　效果展示

下面介绍使用"营销成片"功能制作骨瓷花瓶推广视频的操作方法。

步骤01　在"剪辑"界面的功能区中点击"营销成片"按钮，如图7-35所示。

步骤02　进入"营销推广视频"界面，点击"添加素材"选项区中的+按钮，如图7-36所示。

步骤03　❶添加4个视频素材；❷在"AI写文案"选项区中输入相应的视频文案，包括商品名称和商品卖点，如图7-37所示。

步骤04　点击"展开更多"按钮，显示其他设置。在"视频设置"选项区中选择合适的时长参数，如图7-38所示。

步骤05　点击"生成视频"按钮，即可生成5个营销视频，在下方选择合适的营销视频即可，如图7-39所示。

第 7 章 提效三：办公视频的智能生成

图 7-35 点击"营销成片"按钮

图 7-36 点击相应按钮

图 7-37 输入视频文案

图 7-38 选择时长参数

图 7-39 选择合适的营销视频

125

7.2.4 模板生成视频：狸花猫

剪映App的"剪同款"界面中有着丰富的模板，如生活记录、营销推广及营销图片等模板，用户可以节省后期制作的时间，直接套用模板生成视频，效果如图7-40所示。

图 7-40 效果展示

下面介绍使用"剪同款"模板制作狸花猫视频效果的操作方法。

步骤01 进入剪映App的"剪同款"界面，点击搜索栏，如图7-41所示，可以输入关键字搜索需要的模板。

步骤02 ❶在搜索栏中输入并搜索"萌宠"；❷在搜索结果中选择一款模板，如图7-42所示。

步骤03 进入相应的界面，点击"剪同款"按钮，如图7-43所示。

步骤04 进入"照片视频"界面，❶在"照片"选项卡中选择4张萌宠照片；❷点击"下一步"按钮，如图7-44所示。

步骤05 执行操作后，即可套用模板，合成视频效果。点击右上角的"导出"按钮，如图7-45所示，将视频导出即可。

第 7 章 提效三：办公视频的智能生成

图 7-41 点击搜索栏

图 7-42 选择一款模板

图 7-43 点击"剪同款"按钮

图 7-44 点击"下一步"按钮

图 7-45 点击"导出"按钮

办公案例篇

▶ 第 8 章

自媒体类的 AI 办公案例

本章主要介绍使用智谱清言进行自媒体类AI办公应用的方法。智谱清言是北京智谱华章科技有限公司推出的生成式AI助手，具备高效的自然语言处理能力，支持多种任务，如通用问答、创意写作、代码生成等。在自媒体类AI办公创作中，智谱清言可以一键生成吸引人的文章标题、自媒体文案、豆瓣书评等，并具备账号运营建议、视频脚本生成等功能，极大地提升了创作效率与内容的多样性。

8.1 写文章标题:"视频剪辑技巧"

在这个信息爆炸的时代,文章标题如同一道美味的前菜,能够迅速吸引读者的注意力,并激发他们进一步探索的欲望。使用智谱清言可以轻松地生成具有吸引力的自媒体文章标题,让每一篇文章都能在竞争激烈的内容市场中脱颖而出。

在编写指令时,要注意标题定位明确,同时可以加入数量词,从而量化内容。另外,指令给出的范例标题中可以直接指出学习这些技巧后的预期成果,这种结果导向的表述方式能够迅速抓住读者的注意力,因为他们通常更关心自己能够从中获得什么。下面介绍使用智谱清言写自媒体文章标题的操作方法。

步骤01 在浏览器中搜索智谱清言,进入智谱清言官网的登录页面,如图8-1所示,用户可以通过手机短信验证码或微信扫码登录账号。

图 8-1 进入智谱清言官网的登录页面

步骤02 登录账号后,即可进入智谱清言的对话页面,如图8-2所示。

图 8-2 进入智谱清言的对话页面

步骤 03 在输入框中输入指令,单击发送按钮➤,即可获得智谱清言编写的新媒体文章标题,相关指令和生成内容如下。

提问

请为我的"视频剪辑技巧"教程文章撰写几个标题,要求包含具体的技巧点,如"视频剪辑技巧:只需5步,打造专业级影片"。

智谱清言

1.视频剪辑技巧:掌握这3招,轻松实现无缝转场
2.视频剪辑进阶:4步学会色彩校正,提升画面质感
3.视频剪辑技巧:用对音效,让你的作品更具感染力
4.从入门到精通:5招视频剪辑技巧,打造电影级预告片
5.视频剪辑秘诀:6大剪辑手法,让你的故事更动人
6.快速上手视频剪辑:7个实用技巧,提升剪辑效率
7.视频剪辑必备:8招画面调色技巧,让你的作品焕然一新
8.视频剪辑技巧:9步打造流畅的动态效果,让画面更生动
9.实用视频剪辑技巧:10分钟学会剪辑节奏,让作品更具节奏感
10.视频剪辑大师之路:掌握这10种剪辑技巧,迈向专业水平

8.2 账号运营建议:"情感博主"

对于自媒体运营者来说,如何高效运营账号、吸引和留住粉丝,以及提升内容的影响力,是关键的挑战。智谱清言能够为运营者提供一系列的自媒体账号运营建议,从内容创作到粉丝互动,从数据分析到市场趋势,帮助运营者在自媒体的海洋中乘风破浪。

在编写指令时,可以强化智谱清言的专家身份,使读者相信接下来的建议是基于丰富经验和专业知识生成的,这种身份定位有助于增强信任感,从而使后续的建议更具说服力。

例如,在指令中加入"我该如何成功运营一个账号",这是一个具体且导向明确的提问,这种提问方式能够促使智谱清言的回答更加实用、更具可操作性,案例的相关指令和生成内容如下。

提问

你是一位自媒体运营资深专家,我想做一个情感博主,我该如何成功运营一个账号。

第 8 章 自媒体类的 AI 办公案例

> **智谱清言**
>
> 作为一名情感博主,要想成功运营账号,可以遵循以下策略:
> 1.确定定位:首先,明确你的账号主题和风格。可以是关于爱情、友情、亲情、心理健康等方面,确保内容具有针对性,满足特定群体的需求。
> 2.打造个人IP:塑造一个独特的个人形象,让粉丝记住你。可以通过以下方式:……
> 3.内容创作:……
> 4.互动交流:……
> 5.社交媒体运营:……
> 6.数据分析:……
> 7.商业变现:……
> 8.持续学习:……
> 遵循以上策略,持续优化运营方法,相信你能够成功运营一个情感博主账号。……

8.3 生成自媒体软文:"智能恒温器"

在数字化时代,自媒体已成为连接品牌与消费者的重要桥梁,一篇精心构思的自媒体软文,不仅是信息的传递,更是一种情感的交流和价值的共鸣。作为强大的AI智能助理,智谱清言通过精准的语言和富有创意的内容,为自媒体平台打造出既吸引人又具有深度的软文。

无论是推广新产品、分享行业见解,还是讲述品牌故事,智谱清言都能够提供量身定制的自媒体软文,它运用数据驱动的内容策略,结合市场趋势和目标受众的兴趣点,可以创作出既有说服力又具有吸引力的内容。

注意,在编写指令时要确定软文的核心主题,所有内容都应围绕这一主题展开,以确保读者一眼就能明白文章的中心思想,案例的相关指令和生成内容如下。

> **提问**
>
> 请作为一名专业的自媒体营销人员,写一篇智能恒温器的软文,要求主题明确、结构合理、语言简洁、风格统一。请注意软文写作的要点和技巧,以及如何突出产品或服务的特点和优势。

> **智谱清言**
>
> 标题:轻松打造舒适家居,智能恒温器为您保驾护航
> 正文:

133

随着科技的发展，智能家居产品逐渐融入我们的生活，为我们的生活带来诸多便利。今天，就让我为大家推荐一款颠覆传统的家居神器——智能恒温器，让您轻松享受恒温舒适的生活。

一、精准控温，四季如春……

二、节能环保，省心省电……

三、智能互联，一键操控……

四、个性化设置，满足不同需求……

五、安装简便，美观大方……

总结：

智能恒温器，一款让您和家人告别寒冷和炎热的家居神器。它以其精准控温、节能环保、智能互联、个性化设置和美观大方的特点，成为家居必备良品。赶快行动，为您的家添上一份温馨与舒适吧！

在这个追求品质生活的时代，智能恒温器无疑是您最佳的选择。让我们携手共创美好家居生活，让智能恒温器为您保驾护航！

8.4 写公众号文章："时光的故事"

在自媒体领域，公众号文章是一大阵地，对于传播思想、传达信息和分享干货等具有重要作用。写作一篇公众号文章需要经过选题、大纲、初稿、修改、定稿等环节，运营者往往会花费大量的时间和精力，而在智谱清言的帮助下，运营者可以获得更多的选题灵感，从而提高写文章的效率，更好地发挥公众号文章的作用。

注意，在编写指令时，赋予一定的身份可以让智谱清言生成的答案更为专业。在提出要求时，运营者应明确公众号文章的主题，并将主题提供给智谱清言，让智谱清言生成有针对性的文章，案例的相关指令和生成内容如下。

提问

假设你是拥有多年公众号运营经验的自媒体工作者，请以"时光的故事"为主题，写一篇公众号文章，并适当加入一些具体的案例，增强观点的说服力和对受众的感染力。

智谱清言

标题："时光的故事：那些年，我们一起走过的岁月"

导语：时光荏苒，岁月如梭。在漫长的人生旅程中，我们总会遇到一些令人难忘的人和事。今天，让我们以"时光的故事"为主题，一起回顾那些年我们一起走过的岁月，感悟时光带给我们的成长与感动。

正文：

一、那些年，我们一起追过的梦想

记得小时候，我们都有一个共同的梦想——成为科学家、宇航员、老师……那时候，我们怀揣梦想，勇往直前。如今，时光荏苒，有的人实现了梦想，有的人仍在追寻。但无论如何，那段追梦的时光都成为我们人生中最宝贵的财富。

小明，一个来自农村的男孩，从小就立志要成为一名科学家。经过多年的努力，他终于考上了一所知名大学的物理系。在大学期间，他勤奋学习，积极参加科研活动，最终发表了一篇国际论文，为实现自己的梦想奠定了基础。

二、那些年，我们一起经历的挫折

人生不可能一帆风顺，总会遇到挫折和困难。正是在这些挫折中，我们不断成长、成熟。……

三、那些年，我们一起度过的欢乐时光

时光不仅是成长的见证，更是欢乐的源泉。那些年，我们一起度过的欢乐时光，成为我们心中永恒的记忆。……

四、那些年，我们一起感悟的人生哲理

时光教会我们成长，也让我们悟出了许多人生哲理。……

结语：

时光的故事，见证了我们的成长、挫折、欢乐和感悟。让我们珍惜这段时光，继续携手前行，书写更加精彩的人生篇章。愿每一个人都能在时光的洗礼中，成为更好的自己。

8.5 写朋友圈文案："落日与晚风"

在社交媒体时代，朋友圈已成为人们分享生活点滴、表达情感和建立社交联系的重要平台。智谱清言能够帮助用户轻松撰写朋友圈文案，让你以精练而富有感染力的文字，记录生活中的每一个精彩瞬间。无论是一次难忘的旅行、一顿美味的晚餐，还是一次深刻的感悟，智谱清言都能为用户打造出既个性化又引人共鸣的朋友圈文案。

注意，在编写指令时需要先明确智谱清言的角色定位，即需要通过文字传递情感与价值；还可以让智谱清言参考微信朋友圈上的相关文案，这样不仅能确保文案的新颖性，还能让内容更加接地气，易于引起朋友圈内好友的共鸣，案例的相关指令和生成内容如下。

提问

你是一位文字分享博主,请为"落日与晚风"这一主题收集一些温柔治愈的文案句子,并撰写一篇朋友圈文案,分享你的摘抄,你可以参考微信朋友圈上的相关文案,确保内容适合在朋友圈传播。

智谱清言

以下是一些关于"落日与晚风"的温柔治愈文案句子,适合在朋友圈分享:
1."落日的余晖,是一天的温柔告别,愿你在这份温柔中找到心灵的宁静,愈合一天的疲惫。"
2."后来,晚风散尽也没等到你,但晚风的温柔却如释重负。"
3."有人在夜市或小吃摊的烟火气中长歌纵酒,也有人眼波流转迎面撞进夏日晚风。"
4."除了浪漫和温柔,还想陷在夏夜的晚风里,你的怀抱里。"
……

现在,我将根据这些句子撰写一篇适合分享在朋友圈的文案:

"在这个温柔的黄昏,落日的余晖洒满大地,像是与一天疲惫的温柔告别。晚风轻轻吹过,带着夏日的清新和浪漫。在烟火气息的夜市中,或是在静谧的小吃摊旁,我们感受着生活的美好。晚风散尽,也许你还未出现,但这份宁静和温柔已足以治愈一天的劳累。让我们一起沉浸在落日与晚风的怀抱中,感受生活的浪漫与温柔。#落日与晚风# #治愈时刻#"

这样的文案不仅适合分享在朋友圈,还能引发大家对生活中美好瞬间的共鸣。

8.6 写小红书笔记:"鉴别和田玉"

小红书能够以笔记的形式传递信息、传播观点,是受欢迎的新媒体平台之一。在特定主题的指令下,智谱清言也可以生成小红书笔记,从而让运营者能够轻松运营账号和保持更新。注意,在编写指令时要结合博主身份或赋予智谱清言身份,再去设定相应主题,案例的相关指令和生成内容如下。

提问

假设你是一位拥有百万粉丝的小红书玉石收藏博主,以"如何挑选和鉴别真正的和田玉"为主题,写一篇小红书爆款笔记。

智谱清言

标题：【揭秘】如何挑选和鉴别真正的和田玉？看完这篇，让你秒变行家！

大家好，我是你们的玉石收藏博主。今天给大家带来一篇关于如何挑选和鉴别真正和田玉的笔记。和田玉作为中国四大名玉之首，一直备受喜爱。那么，怎样才能避免买到假货呢？下面我就为大家揭晓答案！

一、了解和田玉的基本特征……

二、挑选和鉴别方法……

三、注意事项……

总结：挑选和鉴别真正的和田玉，需要多学、多看、多实践。希望通过这篇笔记，大家能够对和田玉有更深入的了解，买到心仪的宝贝。如果你觉得这篇笔记对你有帮助，别忘了点赞、转发哦！让我们一起成为玉石界的行家吧！

8.7 写知乎内容："时间管理"

知乎是人们进行思想传播和观点交流的重要平台，大家喜欢在知乎上对一些提问发表看法，也会带着问题去阅读文章。对于自媒体运营者而言，想要创作一些专业的内容并不是一件容易的事，它需要运营者有知识的积累和深刻的思考，但在智谱清言的帮助下，撰写出专业性的、能够引起人共鸣的文章便不再是难事，案例的相关指令和生成内容如下。

提问

假设你是知乎平台上的一位知名专栏作家，专注于个人成长与效率提升，请从专业的角度对以下问题进行解答。

问题：如何有效地进行时间管理？

智谱清言

时间管理是一项关键的个人成长技能，对于提高效率、实现目标具有重要意义。以下是从专业角度给出的一些建议，帮助大家有效地进行时间管理：

1.明确目标和价值观……

2.制订计划……

3.应用时间管理方法……

4.提高专注力……

5.学会拒绝……

6.定期复盘……

7.培养良好习惯……

8.利用工具……

通过以上方法，我们可以更有效地管理时间，提高个人成长和效率。记住，时间管理不是一蹴而就的，需要我们持续实践和优化。

8.8 写头条号文案："手机摄影技巧"

在信息爆炸的今天，头条号作为热门的内容平台，为自媒体运营者提供了一个展示才华、分享知识和见解的舞台。智谱清言能够为运营者生成吸引眼球、内容丰富、风格多样的头条号文案。

无论是新闻评论、生活分享、行业分析还是深度报道，智谱清言都能助你一臂之力，让你的内容在众多信息中脱颖而出，吸引更多读者的关注。运营者在让智谱清言生成头条号文案时，要明确文案的主题，并在指令中提供相关信息，方便智谱清言围绕主题进行创作，同时精准把握头条号平台的用户偏好与阅读习惯，案例的相关指令和生成内容如下。

提问

请用头条号平台的文案风格写一篇400字左右的文章，主题为"手机摄影技巧"，内容包括吸引人的标题和开头、手机摄影技巧、与受众互动的结尾。

智谱清言

标题：【手机摄影秘籍】轻松拍出大片感，让你成为朋友圈焦点！

开头：你是否羡慕那些在朋友圈晒出美照的摄影大师？其实，手机摄影也能拍出大片感！今天，就为大家揭秘手机摄影的实用技巧，让你轻松成为朋友圈焦点！

一、手机摄影技巧

保持稳定：拍照时，双手握紧手机，保持稳定，避免画面模糊。如有条件，可以使用三脚架。

利用光线：掌握光线是摄影的关键。尽量在自然光充足的环境下拍照，避免逆光和强光直射。

构图法则：遵循"三分法"构图，将画面分为九宫格，重要元素放在交叉点上，使画面更具美感。

拍摄角度：尝试不同的拍摄角度，如俯拍、仰拍、侧面拍摄等，寻找最佳视觉效果。

使用滤镜：适当运用滤镜，可以增强画面的氛围，让照片更具特色。

后期调整：利用手机自带的照片编辑功能，调整曝光、对比度、饱和度等，使画面更加完美。

二、结尾与受众互动

掌握这些手机摄影技巧，相信你的拍照水平一定会有所提高。赶快拿起手机，实践一下吧！拍出美照后，别忘了分享到朋友圈，让大家见证你的成长。如果你有更多实用的手机摄影技巧，欢迎在评论区分享，一起交流学习！

快来关注我们，获取更多手机摄影教程，让你成为朋友圈的摄影大师！

☆ 专家提醒 ☆

运营者也可以先给智谱清言提供一些头条号平台上的爆款文案实例，然后让智谱清言分析这些文案的特点，再提出实际的需求，让智谱清言结合文案特点来生成内容。

8.9 写豆瓣书评：《百年孤独》

在豆瓣平台上，书评是一种比较常见的文章形式，发挥着图书推广与传播的作用。而要想有效地发挥书评的作用，运营者需要具备独到的见解、较强的文字表达能力和写作能力，因此书评的写作门槛比较高。不过，在智谱清言的帮助下，运营者可以高效地完成豆瓣书评的写作，案例的相关指令和生成内容如下。

提问

请根据豆瓣书评的风格，为《百年孤独》这本书写一篇专业的书评，并拟一个有吸引力的标题，不超过500字。

智谱清言

标题："《百年孤独》：魔幻现实主义的巅峰之作，揭秘家族命运的轮回"

书评：

《百年孤独》是哥伦比亚作家加西亚·马尔克斯的代表作，自问世以来，便以其独特的魔幻现实主义风格，吸引了无数读者。这部作品讲述了布恩迪亚家族七代人的传奇故事，通过对家族成员命运的描绘，展现了拉丁美洲的百年沧桑。

......

总之,《百年孤独》是一部值得一读再读的佳作。它以独特的艺术魅力,揭示了家族命运的轮回,展现了拉丁美洲百年的历史变迁。这部作品不仅让我们感受到了魔幻现实主义的魅力,更让我们思考了现实生活中的种种困境。……

8.10 创作宣传片脚本:"健康助手"

在视觉为王的自媒体时代,一部精心制作的宣传片短视频,能够以最直观、最震撼的方式,将品牌精神、产品特性或服务理念深植人心。宣传片脚本的撰写,不仅仅是文字的堆砌,它还是一场视听盛宴,是情感共鸣的起点,更是品牌故事的讲述者。智谱清言具备撰写引人入胜的宣传片短视频脚本的能力,能够通过创意文案和视觉叙事,为宣传主体打造难忘的第一印象。

注意,指令需要结构清晰,从身份定位到任务描述,再到具体要求和参数设置,最后到时间控制和创意激发,层层递进,有助于智谱清言系统地规划创作过程,案例的相关指令和生成内容如下。

提问

你是视频脚本创作大师,也是视频拍摄专家,请为[对象]做一个抖音宣传片脚本,脚本的具体要求是[脚本要求]。

[对象]＝健康助手App

[脚本要求]＝有镜头、旁白、字幕及场景,有背景音乐(请给出具体的音乐名称),整体能吸引人的眼球,开头5秒要能抓住观众,视频时长30秒左右。

智谱清言

【视频脚本:健康助手App抖音宣传片】

镜头1(0~5秒)

【场景】快节奏的城市生活背景,人们忙碌穿梭

【镜头】动态模糊的行人,突然手机屏幕亮起,显示健康助手App的启动画面

【旁白】(激昂背景音乐起)"健康,从不止步!"

【字幕】"健康,从不止步!"

【背景音乐】《Unstoppable》(Sia)

……

【背景音乐】逐渐减弱，视频结束
注：整个视频节奏紧凑，画面切换流畅，背景音乐与画面紧密结合，营造出积极向上的氛围，吸引观众关注并下载使用健康助手App。

8.11 创作日常 Vlog 脚本："露营"

在日常生活的点点滴滴中，每个人都有自己的故事。作为自媒体运营者的智能助理，智谱清言能够为你的Vlog短视频撰写脚本，捕捉那些平凡而又珍贵的瞬间。无论是一次简单的日常散步、一顿自己动手做的晚餐，还是与朋友的欢乐聚会，智谱清言都能帮助你将这些时刻转化为引人入胜的故事，案例的相关指令和生成内容如下。

提问

现在你是一位日常Vlog博主，请你写一份"周末一个人出去露营"脚本，要求内容详细，风格贴近日常，体现周末露营的惬意和自在。

智谱清言

【开场白】
大家好，我是你们的Vlog博主小悠。这个周末，我决定一个人去露营，享受大自然的宁静与美好。接下来，就让我们一起来看看这次露营的精彩瞬间吧！
【出发前的准备】
（镜头切换至室内，展示整理露营装备的过程）
小悠：首先，我要准备好露营所需的装备。帐篷、睡袋、防潮垫、折叠椅，这些都是必不可少的。当然，还有一些生活用品，比如水壶、手电筒、防晒霜等。对了，别忘了带上相机，记录下美好的时光！
……

09

▶ 第 9 章

老师教学类的 AI 办公案例

本章主要介绍使用Kimi进行老师教学类AI办公应用的方法。Kimi是一款由月之暗面科技有限公司开发的人工智能助手,具备多语言对话、信息处理、文件解析等能力。在老师教学类AI办公创作中,Kimi能够显著提升效率,节省教师大量时间,使他们更专注于教学内容。同时,Kimi还能辅助教师设计教学方案、课堂活动等,提供结构化输出,帮助教师高效完成教学准备工作。

9.1 设计教学方案：《木兰辞》

教学方案（简称教案）是教师为了实现特定的教学目标而预先设计的内容，通常包含教学目标、教学内容、教学方法、教学步骤及评估方式等要素。一个精心设计的教案能够提高教学质量，激发学生的学习兴趣，并促进学生的全面发展。

Kimi可以根据学科特点和学生的学习需求，生成结构合理、内容丰富的教案草案。通过这种方式，教师不仅能够节省备课时间，还能确保教案更加贴近实际教学需求，从而提升课堂教学的效果。

注意，编写指令时要明确Kimi的身份，并指定任务——设计教案框架，这样有助于Kimi快速进入情境和理解需求，从而生成结构清晰、符合教学规律的教案框架。下面介绍使用Kimi设计教学方案的操作方法。

步骤01 在浏览器中搜索Kimi，进入Kimi官网，如图9-1所示。用户可以单击左侧的"登录"按钮，通过手机号码或者微信扫码登录账号，登录账号后即可免费使用Kimi，同时保留对话历史记录。

图9-1 进入Kimi官网

步骤02 在输入框中输入指令，单击发送按钮▶，即可获得Kimi设计的教学方案，相关指令和生成内容如下。

> 🔲 提问
>
> 你是一名语文老师，你正在给学生准备课文《木兰辞》的教案，教案的内容是授课内容，请给出教案的框架。

Kimi

《木兰辞》是一首北朝时期的民歌,讲述了木兰代父从军的故事。以下是一份《木兰辞》教案的框架,供您参考:

1.课程目标

理解《木兰辞》的基本内容和主题思想。

分析木兰这一人物形象,探讨其在中国传统文化中的意义。

学习并掌握文中的生字新词和重要词汇。

培养学生的文言文阅读能力和欣赏能力。

2.教学准备

课文原文及注释。

相关的历史文化背景资料。

多媒体教学设备,如投影仪、音频播放设备等。

3.导入新课……

4.课文讲解……

5.主题探讨……

6.文学鉴赏……

7.课堂活动……

8.作业布置……

9.课后反思……

10.参考资料……

9.2 提供教学建议:"物理知识辅导"

在教育领域,教师们经常面临如何提高教学质量、激发学生兴趣,以及适应不同学生需求的挑战。使用Kimi等人工智能工具,教师可以获得宝贵的教学建议和技术支持。Kimi能够根据具体的教学场景和学生的特点,提供定制化的教学策略,帮助教师设计更加生动有趣的课堂活动,优化教学方法,并给予学生个性化的指导。

在编写指令时,可以明确教师身份、辅导对象及其具体困难,还可以直接提出要求,以便Kimi理解问题核心,从而能够生成更加贴合实际教学场景、针对学生个体差异的辅导建议,案例的相关指令和生成内容如下。

提问

我是高中物理老师,我教的班级里有一名同学在电学题目上的理解很薄弱,像电路分析和欧姆定律相关的题目,十分的题,他通常只能得一两分,我准备抽空给这名同学进行一对一辅导,你有什么建议?

Kimi

针对电学题目理解薄弱的学生,一对一辅导时可以采取以下策略:

1. 基础知识回顾:首先,确保学生对电学的基本概念有清晰的理解,如电流、电压、电阻、欧姆定律等。
2. 逐步引导:从简单的电路开始,逐步增加难度。例如,先从串联和并联电路的基本概念和计算开始,然后引入更复杂的电路分析。
3. 实际应用:将理论知识与实际应用结合起来,让学生看到电学知识在现实生活中的应用,增加学习的兴趣和动力。
4. 问题解决:通过解决具体的电学问题来加强理解。可以让学生尝试解决一些典型的电学题目,并在过程中给予指导。
5. 错误分析:当学生在解题过程中出错时,帮助他们分析错误的原因,是概念理解错误、计算错误还是解题方法不当。
6. 互动式学习:鼓励学生提问,通过提问来检验他们对知识点的理解程度,并及时解答他们的疑惑。
7. 可视化工具:使用电路模拟软件或物理实验工具来帮助学生更直观地理解电路的工作原理。
8. 定期复习:定期复习已学过的知识点,帮助学生巩固记忆。

……

通过这些方法,你可以更有效地帮助学生提高他们在电学题目上的理解能力。

9.3 设计课堂活动:"元素周期表"

课堂活动是指在教学过程中,为了实现特定的学习目标而设计的各种互动式教学环节。课堂活动旨在激发学生的学习兴趣,促进学生积极参与,并帮助他们更好地理解和掌握知识。

Kimi能够根据教学内容和学生特点,提供一系列互动性强、参与度高的活动建议。无论是需要创设情境来加深理解,还是希望通过游戏化学习来提高学生的积极性,Kimi都能为教师提供有力的支持。

在编写指令时，需要体现主题，并明确要求游戏的核心要素——规则、目标、学习结果及玩法机制，这种结构化的请求能够促使Kimi更精准地生成内容，避免了泛泛而谈，确保了输出内容的实用性，案例的相关指令和生成内容如下。

提问

请为我设计一个关于元素周期表的化学课堂教育游戏，需要描述大致规则、目标、学习结果和游戏玩法机制。

Kimi

当然可以，以下是一个关于元素周期表的化学课堂教育游戏设计：

游戏名称：元素大冒险

游戏目标：

让学生熟悉元素周期表的结构和元素的属性。

增强学生对元素符号、原子序数和元素名称的记忆。

理解元素周期律和元素的分类。

学习结果：

学生能够快速识别和回忆元素周期表中的元素。

学生能够理解元素的物理和化学性质与其在周期表中的位置之间的关系。

学生能够应用周期表知识解决简单的化学问题。

游戏玩法机制：

……

通过这样的游戏，学生不仅能够以一种有趣和互动的方式学习元素周期表，还能够加深对化学知识的理解。

9.4 推荐教学工具："初中地理"

在当今的教育环境中，教师们不断寻求创新的方法来提高教学质量，使课堂更具吸引力和互动性。Kimi能够根据教师的教学目标、学生的学习风格及课程内容，提供一系列经过筛选的教育工具建议，如互动平台、在线资源库、手机App等。通过这种方式，教师可以发现并利用最新的教育技术，增强教学效果，使学生的学习体验更加丰富和高效。

在编写指令时，需要展现出高度的针对性和具体性，明确指出目标用户群体和课程领域，这可以极大地帮助Kimi理解需求，从而能够精准地搜索和推荐那些既符合学生认知特点，又能够辅助教学的应用程序或工具，案例的相关指令和生成内容如下。

提问

请为初中一年级的地理课程推荐合适的应用程序或教学工具。

Kimi

针对初中一年级的地理课程，以下是一些推荐的应用程序和教学工具：
1.国家中小学智慧教育平台：这是一个官方教育资源平台，提供丰富的教学资源，适合教师备课和学生学习。
2.初中地理App：这款应用专为初中生设计，包含中考题型、名师教学视频、同步教材学习等功能，有助于学生巩固课堂知识。
3.哔哩哔哩上的地理同步视频课程：提供了科学普及出版社初中七年级名师空中课堂，适合学生在线学习和复习。
4.初中一年级第二学期地理备课教案：教师可以使用这些教案来辅助教学，教案内容涵盖了仪器、图表和地图的使用，以及中国地理环境和人口城市等主题。
……
这些资源和工具可以帮助学生更好地理解地理知识，同时也为教师提供了丰富的教学支持。教师可以结合学生的实际需求和学习情况，选择合适的工具和资源进行教学。

9.5 生成讲座互动："诗歌欣赏"

在教学中，讲座形式的互动对于激发学生的思考和表达能力十分重要。通过Kimi生成有针对性的讲座互动，可以帮助教师设计更具启发性的问题或活动，增强课堂的参与度和趣味性。

在编写指令时，需要明确互动目标，例如"讨论情感表达"或"探索写作背景"，或者在指令中添加具体的诗句或讨论重点，确保AI生成的问题紧扣教学目标，案例的相关指令和生成内容如下。

提问

生成关于《静夜思》诗歌的互动问题，帮助学生理解诗中的情感表达。

Kimi

《静夜思》是唐代诗人李白的一首著名五言绝句，表达了诗人在夜晚对故乡的深深思念。以下是一些互动问题，可以帮助学生更好地理解这首诗的情感表达：

1.诗歌背景理解：
李白在写这首诗的时候，他可能在什么地方？（提示：诗中提到的"床前明月光"可能暗示了什么？）

2.诗歌意象分析：
诗中的"床前明月光"和"地上霜"分别代表了什么？它们如何与诗人的情感联系起来？
"举头望明月"和"低头思故乡"这两个动作在诗中起到了什么作用？

3.情感体验：
诗人在夜晚看到明亮的月光时，他的心情是怎样的？你能从诗中找到线索吗？
如果你是诗人，你会如何描述这种"思故乡"的感觉？
……

通过这些问题，学生可以更深入地探讨《静夜思》的内涵，理解李白如何通过简洁的语言和意象来表达复杂的情感。

9.6 生成教学心得："二次函数"

教学心得的生成有助于教师更好地回顾课堂中的得失，找到改进的方向。通过Kimi生成教学心得，教师可以轻松总结教学效果，为后续课程提供参考。

在编写指令时，可以明确教学内容和学生的学习表现，并要求AI提供具体的教学改进建议，案例的相关指令和生成内容如下。

提问

生成一份关于高中数学二次函数的教学心得，总结学生对抛物线性质的掌握情况，并提出改进建议。

Kimi

高中数学二次函数教学心得
一、教学回顾
在高中数学的教学过程中，二次函数是一个重要的章节，它不仅涉及函数的基本性质，还与几何图形——抛物线紧密相关。通过对二次函数的学习,学生可以更好地理解函数与图形的关系,以及函数在实际问题中的应用。

二、学生掌握情况……

三、存在问题……

四、改进建议……

五、总结

二次函数是高中数学中的一个重要知识点,它不仅关系到数学学科的深入学习,也是解决实际问题的重要工具。通过以上教学心得和改进建议,希望能够提高学生对二次函数及抛物线性质的掌握程度,为他们的数学学习打下坚实的基础。

9.7 改善师生沟通策略:"问题反馈"

有效的师生沟通能够提高教学质量,促进学生的全面发展。借助Kimi生成个性化的沟通策略,可以帮助教师更好地引导学生讨论并解决学习中的问题。

在编写指令时,要强调具体的沟通场景和目标,例如"如何鼓励学生在讨论问题时主动表达",同时提供学生的个性特点(如"内向"或"害羞"),以生成有针对性的沟通建议,案例的相关指令和生成内容如下。

提问

生成适合高中物理课堂问题讨论环节的沟通策略,帮助学生更好地表达或反馈自己的想法。

Kimi

在高中物理课堂的讨论环节中,有效的沟通策略对于学生表达和反馈想法至关重要。以下是一些策略,可以帮助学生更好地参与讨论:

1.明确目标:

在讨论开始前,教师应明确讨论的主题和目标,确保学生知道讨论的重点。

2.鼓励提问:

鼓励学生提出问题,无论是对概念的疑问还是对实验的好奇。

3.倾听与尊重:

教师和学生都应该倾听他人的观点,尊重不同的意见。

4.使用清晰的语言:

学生应该尽量使用清晰、准确的语言来表达自己的想法。

5.逐步引导:

教师可以通过提问来引导学生逐步深入思考问题。
……

通过这些策略，学生可以在物理课堂的讨论环节中更有效地表达和反馈自己的想法，从而提高学习效果。

9.8 生成辩论灵感："地理环境"

辩论是锻炼学生逻辑思维和表达能力的有效方式。Kimi可以生成与教学内容相关的辩论灵感，帮助教师快速准备课堂辩论的主题和素材，通过Kimi生成辩论的正反双方观点，使学生们能够更好地参与讨论。

在编写指令时，明确辩论主题并给出具体角度，让AI能够生成更有深度和逻辑的观点，案例的相关指令和生成内容如下。

提问

生成关于"城市化对环境的影响"的辩论主题和主要观点，供"高中地理"课堂使用。

Kimi

辩论主题：城市化进程对环境的影响

正方观点（支持城市化）：

1.经济发展：……

2.基础设施建设：……

3.技术创新：……

4.环境管理：……

反方观点（反对城市化）：

1.生态破坏：……

2.资源消耗：……

3.污染问题：……

4.社会问题：……

中立观点：

……

这个辩论主题和观点可以作为高中地理课堂的讨论材料，帮助学生理解城市化对环境的复杂影响，并培养他们的批判性思维和辩论技巧。

9.9 制作教学课件："化学反应速率"

在现代教育中，PPT教学课件已成为教师传授知识、激发学生兴趣的重要工具。然而，制作高质量的PPT往往需要投入大量的时间和精力。使用"Kimi+"中的"PPT助手"智能体，教师可以更高效地制作出内容丰富、视觉吸引人的教学课件。

在指令中明确课件需要的结构，以及具体的教学主题，这样生成的课件会更加完整且符合教学需求，下面介绍具体的操作方法。

步骤01 在Kimi官网中单击左侧的"Kimi+"按钮，如图9-2所示。

图 9-2 单击左侧的"Kimi+"按钮

步骤02 进入"Kimi+"页面，选择"PPT助手"选项，如图9-3所示。

图 9-3 选择"PPT 助手"选项

步骤 03 执行操作后，进入"和PPT助手的会话"页面，如图9-4所示。

图9-4 进入"和PPT助手的会话"页面

步骤 04 在输入框中输入提示词，单击发送按钮，即可获得Kimi生成的教学课件大纲，相关指令和生成内容如下。

提问

生成"高中化学反应速率"主题的教学课件，包含实验流程和结果分析等内容。

Kimi

高中化学反应速率探究

1.化学反应速率概述

1.1 化学反应速率定义

1.1.1 速率的物理意义

化学反应速率是指在单位时间内反应物浓度的减少或生成物浓度的增加，通常用单位时间内浓度的变化来表示。

……

步骤 05 在生成的大纲底部，单击"一键生成PPT"按钮，如图9-5所示。

步骤 06 打开相应面板，在"热门推荐"选项卡中，❶选择一套模板；❷单击"生成PPT"按钮，如图9-6所示。

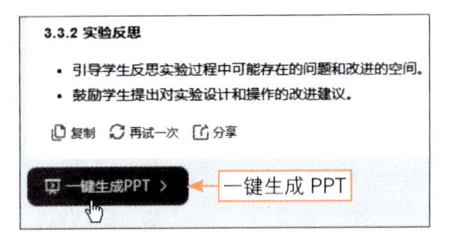

图9-5 单击"一键生成PPT"按钮

第 9 章 老师教学类的 AI 办公案例

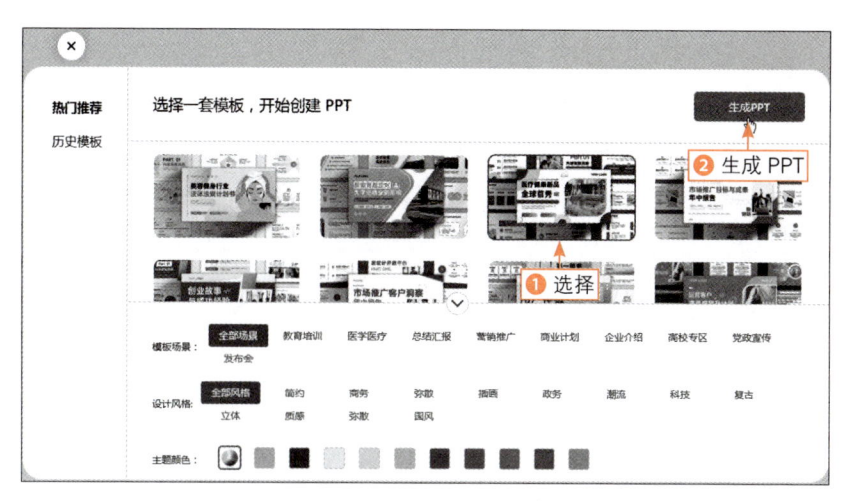

图 9-6 单击"生成 PPT"按钮

步骤 07 AI将快速合成PPT，生成完整的教学课件，部分效果如图9-7所示。用户也可以单击页面下方的"去编辑"按钮，编辑或下载PPT内容。

图 9-7 生成完整的教学课件（部分效果）

第 10 章

行政人力类的 AI 办公案例

本章主要介绍使用天工AI进行行政人力类AI办公的方法。天工AI是昆仑万维发布的AI搜索及对话式AI助手，它基于大语言模型，能够通过自然语言处理技术，理解用户意图并提供智能回答和创作支持。在行政人力类AI办公创作中，天工AI能够协助完成文案撰写、制度制定、招聘流程优化等任务，提高办公效率，减少人为错误，是行政人力工作方面的得力助手。

10.1 简历生成器:"求职模板"

在求职过程中,一份出色的简历是吸引雇主注意的关键。利用天工AI的"简历生成器"智能体,可以生成专业的求职简历模板,帮助求职者更好地展示自身优势和经历。

在编写指令时,可以清晰描述求职者的背景和目标职位,例如"应届毕业生"或"IT工程师",并提供必要的个人信息(如教育、经历等)。下面介绍使用天工AI生成求职简历模板的操作方法。

步骤01 在浏览器中搜索天工AI,进入天工AI官网,如图10-1所示。用户可以单击左下角的"登录"按钮,可以通过手机短信验证码或微信扫码登录账号。

图10-1 进入天工AI官网

☆ 专家提醒 ☆

在左侧的列表框中,选择"天工3.0对话助手"选项,即可进入天工AI对话页面,在其中可以直接与天工AI助手进行交互式提问与内容生成。

步骤02 ❶在页面左下角单击"发现智能体"按钮,进入"智能体广场"页面;❷在右上角的搜索框中输入"简历",即可搜索到相关的智能体;❸单击"简历生成器"智能体,如图10-2所示。

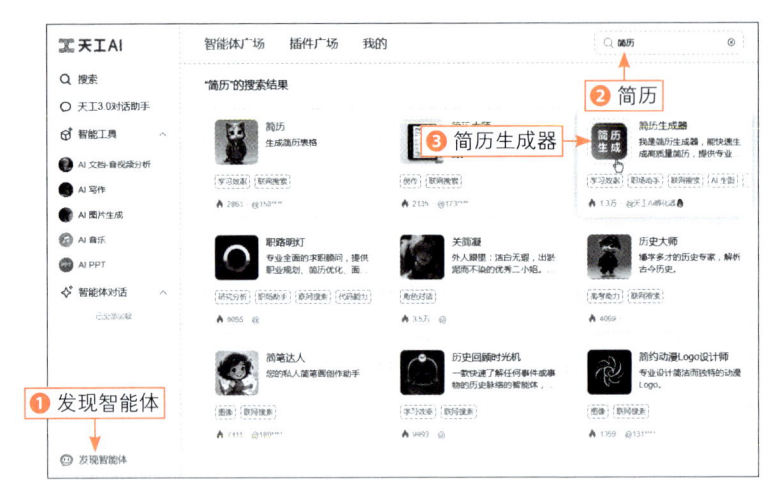

图 10-2 单击"简历生成器"智能体

步骤 03 进入"简历生成器"页面，如图10-3所示，在其中用户只需提供基本信息，AI即可生成一份凸显优势的简历。

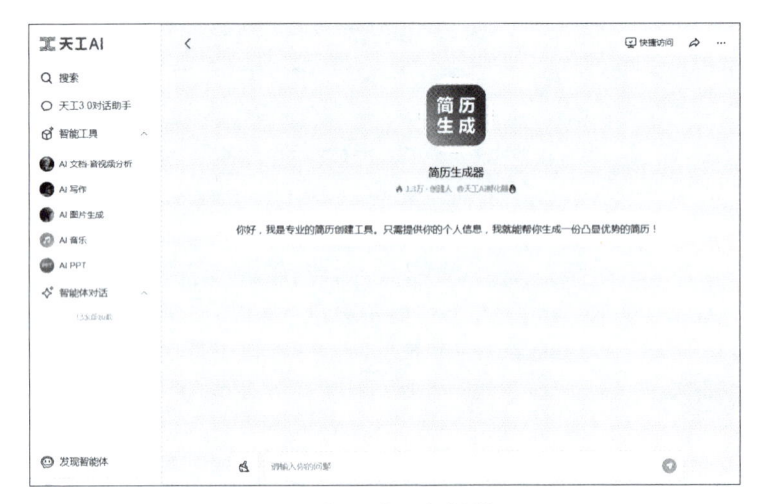

图 10-3 进入"简历生成器"页面

步骤 04 在下方输入框中输入个人基本信息，单击右侧的发送按钮 ⊙，便可以得到AI生成的个人简历，相关指令和生成内容如下。

◎ 提问

姓名[李李]，年龄[30]岁，毕业院校[北京电影学院]，专业[影视编导]，能力擅长[精通影视剪辑软件，如Final Cut Pro、Adobe Premiere、剪映，以及调色和后期特效制作]，工作经验[曾在上海某传媒有限公司担任剪辑师，负责多个广告项目和网络剧集的后期制作，拥有6年工作经验]，职业目标是寻求[影视后期制作或剪辑师]的职位，以进一步发展我的[影视制作]职业生涯。

天工AI

好的，我会根据您的要求更新一下简历内容：
个人简历
基本信息
姓名：李李
年龄：30岁
毕业院校：北京电影学院
专业：影视编导
教育背景
北京电影学院 | 影视编导 | 20××年—20××年
工作经历
上海某传媒有限公司 | 剪辑师 | 20××年至今
负责多个广告项目和网络剧集的后期制作，精通Final Cut Pro和Adobe Premiere，具备丰富的剪辑经验
技能专长
精通影视剪辑软件：使用Final Cut Pro、Adobe Premiere等进行后期特效制作
职业目标
寻求影视后期制作或剪辑师职位，以进一步发展影视制作职业生涯
请您查看以上内容是否满足您的需求，如果有任何修改或其他要求，请随时告知我。

10.2 职场百事通："面试技巧"

面试技巧是求职者在面试过程中至关重要的能力，掌握有效的面试技巧可以帮助求职者自信地展示自己，增加面试成功的机会。天工AI中的"职场百事通"智能体，作为一个综合性的职场辅助工具，其在职场沟通能力方面展现出了显著的优势和特色，可以为求职者生成高质量的面试技巧，提供有力的指导，提升求职者的自信心。

在编写指令时，可以明确求职领域（如"市场营销"或"技术职位"），并要求AI提供具体的应对策略和示例，以便生成内容更具针对性和实用性。下面介绍使用天工AI生成面试技巧的操作方法。

步骤01 进入天工AI的"智能体广场"页面，❶在右上角的搜索框中输入"职场"，即可搜索到相关的智能体；❷单击"职场百事通"智能体，如图10-4所示。

图10-4　单击"职场百事通"智能体

步骤02 进入"职场百事通"页面，如图10-5所示，用户只需输入自己的需求，该智能体即可帮助用户解决职场中的问题。

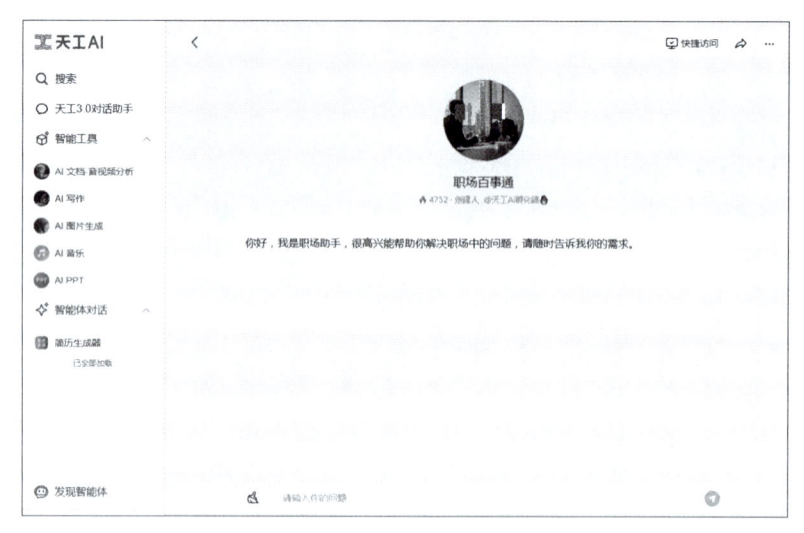

图10-5　进入"职场百事通"页面

步骤03 在下方输入框中输入相应的指令，单击右侧的发送按钮➤，便可以得到AI生成的面试技巧，相关指令和生成内容如下。

🧑 提问

生成一份面试技巧指南，包括常见面试问题的应对策略和压力管理技巧。

天工AI

面试技巧指南

面试前的准备

研究公司和职位：了解公司的背景、文化、产品和服务，以及职位的具体要求和职责。

准备自我介绍：简洁明了地介绍自己的教育背景、工作经验和个人特长，强调与职位相关的技能和成就。

模拟面试：与朋友或家人练习，提高应对不同问题的能力。

着装得体：根据公司文化选择合适的服装，展现专业形象。

常见面试问题的应对策略……

压力管理技巧……

面试后的跟进……

通过上述技巧的准备和应用，你可以在面试中更加从容不迫，有效地展示自己的能力和潜力。记住，面试是一个展示自己的机会，同时也是了解公司和职位是否适合你的过程。

10.3 生成招聘启事："财务专员"

招聘启事是企业在寻找合适人才时发布的一种官方通告，它详细列出了职位的要求、职责范围、应聘条件及申请流程等关键信息。在天工AI对话页面，用户可以通过对话的方式，让AI根据职位自动生成清晰、准确且具有吸引力的招聘启事。

在编写指令时，可以清晰列出职位的关键要素，包括薪资、福利、技能要求及工作职责等，以确保AI能够生成全面且具吸引力的招聘启事，案例的相关指令和生成内容如下。

提问

生成一则针对财务专员的招聘启事，包含以下内容：职位描述、必备技能（如财务分析、会计知识）、薪资范围（如7千/月—9千/月）、公司福利（如五险一金、周末双休、年底十三薪、年度体检以及培训机会）。

天工AI

【财务专员招聘启事】

加入我们，让数字为梦想赋能！

职位描述

我们正在寻找一位充满热情与专业精神的财务专员，与我们一起管理公司的财务健康，确保每一笔资金的合理流动。……

必备技能……

薪资范围：月薪7,000元至9,000元，你的能力决定你的薪资上限！

公司福利

五险一金：我们为你提供全面的保障，让你无忧工作。

周末双休：享受完整的周末，工作生活两不误。

年底十三薪：额外的年终奖励，让你的辛勤付出得到回报。……

10.4 变身面试官："面试问题库"

面试官在招聘过程中扮演着重要角色，提出有效的问题可以帮助评估应聘者的工作能力。借助天工AI，可以生成多样化的面试问题库，提升面试质量；也可以针对不同岗位的需求，定制化面试问题，确保面试内容更具有针对性和个性化。

在编写指令时，可以指定面试类型（如"行为面试"或"技术面试"），并提供与职位相关的背景信息，以便AI生成合适的问题，案例的相关指令和生成内容如下。

提问

生成针对项目管理职位的面试问题库，包括行为和技术相关的问题。

天工AI

项目管理职位面试问题库

行为面试问题

1.描述一个你曾管理的复杂项目，你是如何确保项目按时交付的？

探索候选人的时间管理技巧和问题解决能力。

2.你遇到过团队冲突的情况吗？你是如何处理和解决的？

……

技术面试问题

1.你最擅长哪种项目管理方法（如敏捷、瀑布模型、混合方法）？请举例说明在实际项目中如何应用。

探讨候选人的项目管理方法论知识。

2.在项目执行过程中，你如何跟踪和报告项目进度？

……

10.5 筛选简历:"人岗匹配分析"

面对海量的简历,传统的人工筛选方式不仅效率低下,而且容易出现疏漏。天工AI则能够利用机器学习算法,自动对简历进行筛选和分类。通过识别简历中的关键信息,如教育背景、工作经验、技能证书等,天工AI能够迅速筛选出符合岗位需求的简历,提高招聘效率。下面介绍使用天工AI对简历进行人岗匹配分析的操作方法。

步骤01 进入天工AI官网,在左侧的列表框中,❶选择"AI写作"选项,进入"AI写作"页面;❷在输入框的右侧单击"上传文件"按钮,如图10-6所示。

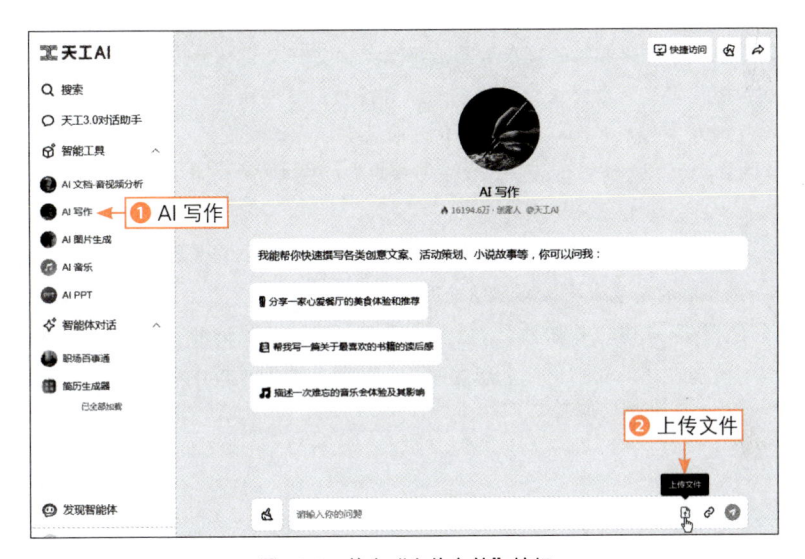

图10-6 单击"上传文件"按钮

步骤02 在输入框中上传一份应聘者的求职简历,如图10-7所示。

图10-7 上传一份应聘者的求职简历

步骤03 在输入框中输入相应的指令,单击右侧的发送按钮,便可以得到AI对简历进行分析的结果,相关指令和生成内容如下。

提问

公司需招聘一名图书编辑，要求其专业对口，具有一定的文字创作能力，薪资期望在5千元左右。请分析上传的这份简历是否符合公司图书编辑一职。

天工AI

根据上传的简历内容，我们可以分析该求职者是否符合公司图书编辑一职的要求：

1. 专业对口：求职者毕业于沈阳城市学院，专业为汉语言文学，这一专业与图书编辑的工作内容高度相关，因为图书编辑需要具备扎实的语言文字功底和文学素养。

2. 文字创作能力：简历中提到求职者在校期间主修的课程包括古代文学、现当代文学、外国文学等，这些课程有助于培养其文学鉴赏和创作能力。同时，求职者在校期间为文学科目编写剧本，担任组内编剧，参与广告文案撰写，这些经历表明其具有一定的文字创作实践经验。

3. 实习和工作经历：求职者有在驻马店报业集团担任日报社记者的实习经历，以及在长沙益麓山影视文化有限公司担任编剧的工作经历。这些经历不仅锻炼了其新闻稿件和剧本的编写能力，也显示了其在文字工作方面的实际操作经验。

4. 技能证书：求职者拥有普通话二级甲等证书和CET-4四级证书，这表明其语言表达能力和英语水平符合图书编辑的基本要求。

5. 薪资期望：简历中没有直接提及求职者的薪资期望，但根据其教育背景和实习工作经历，5千元左右的薪资水平在其期望范围内。

综上所述，该求职者的教育背景、实习和工作经历、技能证书等方面均符合公司图书编辑一职的要求。建议进一步与求职者沟通，了解其具体的工作期望和薪资要求，以及对其文字创作能力的进一步评估。

10.6 HR谈薪方法："薪资谈判"

薪资谈判是招聘过程中不可或缺的一部分。借助天工AI生成薪资谈判技巧，可以帮助HR与应聘者进行有效的沟通，达成共识。

在编写指令时，可以详细说明职位类型、市场薪资水平及公司福利，以便天工AI生成切合实际的薪资谈判策略，案例的相关指令和生成内容如下。

提问

请为一位HR生成一份关于"销售职位"的薪资谈判策略，薪资为：底薪3000元+5%的提成+1000元食宿补贴，另有五险一金、年终奖金和带薪年假等福利。

> **天工 AI**
>
> 销售职位薪资谈判策略
> 目标职位：销售代表
> 基础薪资结构：
> 底薪：3,000元
> 销售提成：销售额的5%
> 食宿补贴：1,000元
> 福利：五险一金、年终奖金、带薪年假
> 谈判策略：
> 1.强调价值与贡献：……
> 2.详细说明薪酬结构：……
> 3.突出非货币福利：……
> 4.提供成长与晋升机会：……
> 5.灵活调整与个性化谈判：
> ……
> 通过以上策略，HR可以有效地与候选人沟通，确保双方对销售职位的薪酬和福利有共同的理解和满意，促进候选人对公司的认同和忠诚。

10.7 制定企业规章制度：考勤管理

企业规章制度是指企业内部为了维持秩序、规范操作流程而制定的一系列规章制度，这些规则涵盖了员工的行为准则、工作流程、奖惩机制等多个方面，目的是确保组织运作的高效性和一致性。天工AI能够根据企业的具体需求和行业标准，生成结构化、条理清晰的行政制度文本。

在编写指令时，可以提供行政制度所需涵盖的具体内容和信息，以确保天工AI生成的行政制度结构合理且内容全面，案例的相关指令和生成内容如下。

> **提问**
>
> 请作为一名行政管理专家，撰写一份考勤管理制度，要求明确规定员工的考勤、加班、调休等的申请和审批流程，请假制度，出勤时间与工作时间等，强调制度的有效性和可执行性。

天工AI

公司考勤管理制度

一、总则……

二、出勤与工作时间……

三、请假制度……

四、加班与调休……

五、考勤异常处理……

六、制度执行与监督……

七、附则……

本制度旨在建立一个公平、公正、透明的考勤管理体系，保障员工权益，同时维护公司正常运营秩序。

10.8 生成培训计划：新员工培养

系统的培训计划对于新员工的成长与发展至关重要。借助天工AI生成新员工培养方案，可以确保他们快速适应公司文化并掌握必要的技能。

在编写指令时，可以明确培训的目标、内容和时间安排，以便AI生成具体、可行的培训方案，案例的相关指令和生成内容如下。

提问

请作为一名人力资源专家，生成一份新员工培养计划，为期两周，包括培训目标、日程安排、培训内容和评估标准。

天工AI

新员工培养计划：两周速成指南

一、培训目标

理解公司文化与愿景：确保新员工熟悉公司历史、价值观和长期目标。

掌握岗位技能：使新员工能够独立完成基本工作，包括使用相关软件和工具。

团队融入：促进新员工与团队成员的沟通与协作，建立良好的工作关系。

合规与安全意识：确保新员工了解并遵守公司政策、行业法规和安全规范。

二、日程安排……

三、培训内容……

四、评估标准……

通过两周的密集培训，新员工将全面了解公司文化，掌握岗位所需技能，并融入团队，为正式工作做好充分准备。

10.9 制定考核体系："绩效评估"

绩效评估是提升员工工作动力和企业效率的重要手段。天工AI可以根据企业中的不同岗位、部门，以及员工的实际情况，制定绩效评估方案，这种个性化的评估方式能够更准确地反映员工的工作表现，提高绩效评估的公正性和有效性。

在指令中要求AI详细列出评估的关键维度和目标，可以确保AI生成的考核体系具有针对性和实用性，案例的相关指令和生成内容如下。

提问

生成一套销售团队的绩效评估标准，包含评估指标、评分标准和反馈机制。

天工AI

销售团队绩效评估体系

一、评估指标……

二、评分标准

销售目标达成率：100%达成得满分，每降低1%扣1分。

客户满意度：根据客户反馈，平均分在90分以上得满分，每降低1分扣0.5分。

新客户开发数：设定季度目标，达成或超过得满分，每少1个客户扣0.2分。

客户留存率：设定年度目标，达成或超过得满分，每降低1%扣1分。

销售周期效率：以平均周期为基准，每减少1天加1分，每增加1天扣1分。

团队协作与沟通：由团队领导和成员互评，平均分在90分以上得满分，每降低1分扣0.5分。

三、反馈机制

……

▶ 第 11 章

电商销售类的 AI 办公案例

本章主要介绍使用讯飞星火进行电商销售类AI办公的方法。讯飞星火是科大讯飞推出的智能大模型，具备强大的语言理解和生成能力，全面对标GPT-4 Turbo，并在多个国际测试集中表现优异。在电商销售类AI办公创作中，讯飞星火能够辅助撰写销售话术、产品描述、推广文案等，提升内容创作效率和质量，助力电商销售实现增长。

第 11 章　电商销售类的 AI 办公案例

11.1 销售推进话术："客户回访"

在销售过程中，有效的沟通技巧是促成交易的关键，使用讯飞星火可以更高效地生成专业的销售推进话术。讯飞星火能够根据客户的特点和销售场景，提供从初次接触、需求挖掘到促成交易的一系列对话建议。无论是解决客户疑虑、展示产品优势，还是处理价格谈判，讯飞星火都能提供精准自然的表达方式。

在编写指令时，需要明确目标客户，并根据要求控制话术字数，以便讯飞星火更精准地设计话术。下面介绍使用讯飞星火生成销售推进话术的操作方法。

步骤01 在浏览器中搜索讯飞星火，进入讯飞星火官网，如图11-1所示。单击右上角的"登录"按钮，可以通过手机短信验证码登录账号。

图 11-1　进入讯飞星火官网

步骤02 登录账号后，即可进入讯飞星火的对话页面，如图11-2所示。

图 11-2　进入讯飞星火的对话页面

167

步骤 03 在下方输入框中输入指令,单击右侧的"发送"按钮,便可以得到AI生成的销售回访话术,相关指令和生成内容如下。

提问

你是一名美妆行业的销售,你需要和一些尚未表现出明确购买意愿的客户进行回访和沟通,请给出5个实用的回访话术,风格要求亲切朴实,要求在话术中展现你对客户的关注,要求挖掘客户的顾虑点,字数在50~100字。

讯飞星火

当然,以下是5个实用且符合要求的美妆行业回访话术:

1.关心使用体验

"您好,我是××品牌的美妆顾问。请问您之前体验的护肤产品感觉如何?是否有任何不适或者需要改进的地方?我们非常重视您的反馈。"

2.了解具体需求

"您好,感谢您之前光临××品牌。我想问一下,您目前最希望改善的肌肤问题是什么呢?我们可以根据您的需求推荐适合的产品。"

3.提供专业建议

"您好,我是××品牌的美容顾问。上次您提到有些皮肤困扰,我们有一些新的护肤方案也许能帮到您。方便的话,可以详细跟您聊聊吗?"

4.询问产品效果

"您好,我是××品牌的工作人员。想了解一下您使用我们产品后的效果如何?是否达到了您的期望?如果有任何不满意的地方,请随时告诉我。"

5.邀请参加活动

"您好,感谢您对××品牌的关注。我们近期有一个新护肤产品的体验活动,特别适合像您这样的优质客户。不知道您是否有兴趣参加呢?"

11.2 电商主图文案:"新款运动鞋"

电商主图是吸引消费者注意的关键。通过讯飞星火,可以生成创意十足的主图文案,提升产品的视觉吸引力。

在编写指令时,可以要求AI生成产品特点和促销信息,以便AI生成更具吸引力的文案,案例的相关指令和生成内容如下。

提问

生成一份关于"新款运动鞋"的主图文案,包含产品特点和促销信息。

讯飞星火

标题：全新运动鞋震撼上市！
弹力升级 - 采用前沿科技，提供前所未有的回弹感受。
超轻材质 - 减轻脚步负担，让你步履如风。
防水设计 - 无惧风雨，全天候保护。
时尚外观 - 潮流配色，搭配任何运动装备都完美无缺。
限时优惠 - 前100名顾客享受8折优惠，立即行动，尽享运动新体验！

11.3 电商详情页文案："智能手表"

详细的产品描述能够有效提高转化率。使用讯飞星火生成电商详情页文案，可以让消费者更全面地了解产品。

在编写指令时，可以要求AI生成产品功能、使用方法和客户评价等，确保文案详细且具有说服力，案例的相关指令和生成内容如下。

提问

生成一份"智能手表"的电商详情页文案，涵盖功能、使用方法和客户评价。

讯飞星火

标题：智能手表：科技与时尚的完美结合
在这个快节奏的时代，智能手表不仅是您的时间管理大师，更是健康管理的好帮手。让我们一起探索这款智能手表的魅力所在。
产品功能
1. 健康监测：24小时心率监测、血氧检测、睡眠追踪，让您随时掌握自己的健康状况。
2. 运动助手：支持多种运动模式，步数统计、卡路里消耗记录，助您达成健身目标。
3. 智能提醒：来电提醒、信息推送、日程提醒，不错过任何重要时刻。
4. 长效续航：一次充电，长久使用，告别频繁充电烦恼。
5. 防水设计：生活防水，让您在洗手、雨天也能放心佩戴。
使用方法
1. 开箱即用：从精致的包装盒中取出手表，长按电源键开机，跟随指引完成初始设置。
2. 连接手机：通过蓝牙将手表与手机相连，即可同步信息、接收通知。
3. 选择表盘：多款精美表盘随心切换，找到最适合您的风格。
4. 开始运动：选择相应的运动模式，开始您的健身之旅。
5. 查看数据：通过手机App或手表屏幕，轻松查看健康和运动数据。

……

立即拥有这款智能手表，让科技成为您生活中的加分项。无论是提升健康水平，还是增添时尚气息，它都是您不可多得的选择。快来体验吧！

11.4 商品海报文案："夏季促销"

吸引人的海报文案能够有效提升产品曝光率。使用讯飞星火，商家可以快速生成具有创意的商品海报文案。

在编写指令时，可以要求AI生成活动主题和折扣信息，以便AI能够生成吸引力较强的文案，案例的相关指令和生成内容如下。

提问

生成一份关于"夏季促销"的商品海报文案，包含促销活动、折扣信息和呼吁行动的短语

讯飞星火

标题：夏季大促狂欢一夏，优惠不停！
全场商品低至5折起！
夏季新品限时特惠8折！
满额即赠好礼，购物更惊喜！
立即抢购：点击链接/扫描二维码
活动时间：7月1日—7月31日
赶快行动，不容错过的夏日狂欢！

11.5 店铺促销文案："会员活动"

有效的促销文案可以激发消费者的购买欲望。通过讯飞星火，商家可以生成富有创意的促销文案，提升店铺销量。讯飞星火能够根据店铺的特点、促销活动的内容及目标受众的需求，提供从活动主题、优惠信息到呼吁行动的一系列文案建议。

在指令中提供活动主题和时间安排，可以确保生成的文案清晰且具有吸引力，案例的相关指令和生成内容如下。

提问

本店计划在每月的7号和17号举办会员活动,会员可享受全场九折优惠。请撰写一份店铺促销文案,强调会员特权,并提醒用户注册成为会员以享受优惠。

讯飞星火

标题:尊贵会员独享福利

每月7日与17日,加入我们的会员行列,享受全场九折特惠!快来注册成为会员,解锁更多惊喜优惠吧!

11.6 社交媒体文案:"新款连衣裙"

社交媒体是推广产品的重要平台。通过讯飞星火,商家能够生成引人注目的社交媒体文案,增加品牌曝光率。

在指令中明确平台(如朋友圈、微博)及目标受众,可以便于AI生成符合平台风格的文案,案例的相关指令和生成内容如下。

提问

生成一份关于"新款连衣裙"的社交媒体文案,包含吸引人的描述和促销信息。

讯飞星火

标题:春风十里,不如你和新款连衣裙的初见

新品上市!探索时尚新潮流,尽在新款连衣裙!

多彩选择:从经典黑白到鲜艳花卉,每一款都让你与众不同。

舒适面料:采用优质面料,轻盈透气,让你自在呼吸,全天候舒适。

独特设计:别致剪裁与细节设计,尽显你的曼妙身姿与独特魅力。

限时特惠:前50名顾客享受9折优惠,再送精美小礼品一份。

立即购买:点击链接,抢购你的专属美丽,让这个春天因你而精彩!

#新款连衣裙 #春日必备 #女神节礼物 #时尚潮流 #限时折扣

11.7 撰写商品评价:"大肚保温杯"

真实且详尽的商品评价是促使消费者做出购买决策的重要依据,使用讯飞

星火可以更高效地撰写优质的商品评价。讯飞星火能够根据商品的特性、用户体验及具体使用场景，生成内容丰富、客观公正的评价文本。

在指令中明确指定评价对象、评价等级及需要突出的特点，可以让讯飞星火迅速聚焦核心信息，生成符合要求的评价内容，案例的相关指令和生成内容如下。

提问

请为大肚保温杯写一条五星好评，要求体现保温性能好、外观可爱、触摸智能显温、送奶粉仓等特点，注意需要强调自身使用感受，内容超过50字。

讯飞星火

大肚保温杯真的太赞了！自从用了它，我的咖啡时刻变得更温馨。

保温效果超好，几个小时后还是热乎乎的，外观也特别可爱，每次看到它都心情愉悦。触摸智能显温功能非常实用，随时掌控温度，不怕烫嘴。最惊喜的是还送了奶粉仓，给宝宝冲奶超级方便。

强烈推荐给大家，真的是五星好评！

11.8 产品推广文案："电动削笔机"

产品推广文案通常是指用于概括产品亮点、展示产品优势的文本，旨在通过文字打动消费者，提高产品的购买力。在讯飞星火的帮助下，商家可以迅速获得推广文案，从而增加产品的影响力和销售量。

在指令中明确产品特点和相关信息，可以确保文案能够有效地传达产品价值，案例的相关指令和生成内容如下。

提问

请根据以下产品信息，为电动削笔机生成一篇产品推广文案。

产品信息： 便捷削笔，快速整洁，设计精巧，持久锋利，品质保证。

讯飞星火

标题：让削笔变得简单又高效！

想要快速整洁地削笔?
我们的电动削笔机帮你轻松搞定!
设计精巧,操作简便,再也不用担心手动削笔的麻烦和铅笔屑弄脏桌面的问题。
持久锋利的削笔效果,让你的铅笔始终保持最佳状态。
品质保证,让你放心使用。
快来体验这款便捷、快速的削笔神器吧!

11.9 品牌宣传文案:"迅飞剃须刀"

品牌宣传文案包含品牌文化、品牌优势、产品特征等内容,是品牌营销的有力途径,有助于提升品牌的影响力和知名度。一篇出色的品牌宣传文案可以深入人心,吸引目标受众的好感和欢声。借助讯飞星火,商家可以生成专业的品牌宣传文案,提升品牌认知度。

在指令中明确品牌定位和目标市场,可以确保文案准确传达品牌形象,案例的相关指令和生成内容如下。

提问

迅飞是一个专注于为追求时尚与舒适并重的男士打造的剃须刀品牌,请根据品牌定位和目标受众,为该品牌撰写一篇有创意的宣传文案。

讯飞星火

标题:男士时尚新定义|迅飞剃须刀
追求卓越,从一把剃须刀开始
你还在为每日的剃须烦恼吗?
迅飞剃须刀,让你轻松拥有完美须型!
极致舒适,贴面设计
迅飞独特的贴面设计,让每一次剃须都如丝般顺滑。无论是浓密胡须还是细腻轮廓,都能轻松应对,不再担心刮伤或遗漏。
时尚外观,彰显品位
简约而不简单的设计,采用高品质材料,尽显男士高贵品位。迅飞不仅是你剃须的工具,更是体现你独特风格的象征。
持久续航,随时随地
强大的电池续航能力,让你无须频繁充电。无论在家还是出差,都能随时保持最佳状态。
智能科技,精准剃须

迅飞剃须刀搭载智能科技，能够自动调节剃须强度，确保每次剃须都精准无误。再也不用担心剃不干净或剃得过多。

特别优惠，限时抢购

现在购买迅飞剃须刀，享受限时特惠价，还有精美礼品相送。赶快行动，提升你的剃须体验！

用户真实反馈

李先生：自从用了迅飞剃须刀，我的剃须时间减少了一半，效果却更好了！

王先生：迅飞的设计真的很符合我们这些注重细节的男士，爱不释手！

迅飞剃须刀，专为追求时尚与舒适并重的男士量身定制。

选择迅飞，让你每一天都自信满满，从容面对每一个挑战！

11.10 限时抢购宣传："618活动"

限时抢购活动能够激发消费者的购买欲望。通过讯飞星火，商家可以生成吸引眼球的抢购活动宣传文案。

在指令中强调活动的紧迫性和独特性，可以确保生成的文案具有强烈的吸引力，案例的相关指令和生成内容如下。

提问

生成一份关于"618限时抢购"的活动宣传文案，包含活动时间、优惠力度和参与方式，强调活动的紧迫性和独特性。

讯飞星火

标题：618限时抢购，错过再等一年！

一年一度的618年中大促已经开启，是时候给你的生活添点新意了！这次我们准备了一系列惊喜优惠，让你在炎炎夏日里也能享受购物的凉爽。

活动时间：

从现在起至6月18日23:59，时间有限，速速行动！

优惠力度：

全场商品满200减50，上不封顶，多买多优惠；

精选爆款商品低至5折，数量有限，先到先得；

会员专享额外9折，你的专属福利不容错过。

参与方式：

无须复杂操作，直接下单即可享受优惠。还没成为会员？现在注册还来得及！

特别提醒：
本次活动不仅有空前的折扣力度，更有神秘小礼物等你来拿。但别忘了，好东西不等人，手慢无！
赶紧告诉亲朋好友，一起享受这场年中购物狂欢吧！#618限时抢购# #年中大促# #错过再等一年#

11.11 产品购物指南："笔记本电脑"

购物指南在现代消费行为中扮演着至关重要的角色，它不仅能够帮助消费者在琳琅满目的商品中做出明智的购买决策，还能节省他们的时间和精力。通过讯飞星火这项先进的人工智能技术，商家可以更深入地了解消费者的需求和偏好，从而生成个性化的产品购买建议文案。

在指令中明确目标受众和关键购买因素，可以确保生成的产品购物指南具有实用性和针对性，案例的相关指令和生成内容如下。

提问

生成一份关于笔记本电脑的购买指南，内容应包括选择要点、功能对比和品牌推荐，以帮助消费者选择合适的产品。

讯飞星火

笔记本电脑购买指南
一、选择要点
1. 用途定位：明确您购买笔记本的主要用途，如日常办公、设计绘图、游戏娱乐或是移动工作等。不同的使用场景对硬件配置和性能有不同的要求。
2. 预算范围：确定您愿意为新笔记本电脑投入的预算。……
3. 处理器（CPU）：作为电脑的"大脑"，处理器的性能至关重要。……
4. 内存（RAM）：足够的内存可以保证多任务流畅运行。……
5. 存储（硬盘）：SSD（固态硬盘）速度快，提升系统启动和程序加载速度，是首选。……
6. 显卡（GPU）：集成显卡适合日常使用和一些轻度图形处理，独立显卡则更适合游戏……
7. 显示屏：屏幕尺寸和分辨率根据个人喜好和需求选择。……

8. 电池续航：如果您经常需要移动使用，选择电池续航能力强的笔记本。
9. 端口种类：确保笔记本拥有足够的USB端口，以及可能需要的其他接口……
10. 质量和售后服务：选择口碑好、售后服务佳的品牌。

二、功能对比

……

三、品牌推荐

……

在选择笔记本电脑时，建议您根据自己的具体需求和预算，参考上述选择要点和功能对比，同时结合品牌推荐和个人偏好进行决策。在购买前，不妨查看一些专业的产品评测和用户评论，以便做出更加明智的选择。

11.12 建立客户关系："节日祝福"

建立稳固的客户关系是提升客户忠诚度和品牌价值的关键。使用讯飞星火可以帮助商家更高效地与客户进行沟通，快速建立起良好的关系。讯飞星火能够根据客户的个性化需求和互动历史，提供定制化的交流建议和服务方案。

无论是通过即时消息回应客户咨询、提供个性化的购物建议，还是主动推送相关优惠信息，讯飞星火都能确保每一次互动都非常精准且贴心。通过讯飞星火，商家不仅能够提高客户满意度，还能在繁忙的日常运营工作中节省时间，专注于更高层次的业务发展。

节日祝福是维护客户关系的重要方式，在指令中提供节日的具体特点和品牌的促销活动，可以确保生成的祝福文案既具节日气氛又能促进客户互动，案例的相关指令和生成内容如下。

提问

生成一份关于"中秋节"的客户祝福文案，内容应包括温馨的祝福语和与品牌相关的优惠信息。

讯飞星火

标题：中秋佳节 | 月满人团圆，品牌优惠享不停

亲爱的客户朋友：

在这美丽的中秋佳节，月圆之夜，我们诚挚地向您送上最温馨的祝福。愿您在这个团圆的时刻，与家人共享幸福美满的时光，共赏明月，共享美味。

为庆祝这一传统节日，我们特别为您准备了一份贴心的优惠大礼！从即日起至中秋节当天，所有产品享受八折优惠，让您在品味中秋的同时也能收获更多实惠。此外，凡购买满500元的客户，还将获得限量版中秋礼盒一份，数量有限，先到先得哦！

感谢您一如既往的支持与信赖，我们将不断努力为您提供更优质的产品与服务。祝您中秋快乐，阖家幸福，花好月圆！

您的品牌名团队，敬上！

▶ 第 12 章

营销策划类的 AI 办公案例

本章主要介绍使用豆包进行营销策划类AI办公的方法。豆包是字节跳动旗下基于云雀模型开发的AI智能助手，具备强大的语言理解与生成能力，能与人对话互动、回答问题、协助创作，高效便捷地帮助人们进行办公创作。在营销策划类AI办公创作中，豆包能够迅速生成吸引人的文案、带货脚本及社交媒体内容，大幅提升办公效率，助力企业精准营销，实现业绩增长。

12.1 产品营销软文:"全自动雨伞"

在营销软文中,强调产品的优势与特点能够直接吸引目标消费者的注意力,清晰传达产品的价值。通过精准描述产品的独特卖点、卓越性能或创新设计,有效区分于竞争对手,激发潜在客户的购买兴趣,不仅提升了品牌形象,还提升了市场认可度,加速产品转化为销售业绩。通过豆包,商家可以生成引人入胜的软文,提升品牌形象。

在编写指令时,可以赋予AI身份,并明确产品卖点、目标受众等信息,以便AI生成更具说服力的文案。下面介绍使用豆包生成产品营销软文的操作方法。

步骤01 在浏览器中搜索豆包,进入豆包官网,如图12-1所示。单击右上角的"下载Windows客户端"按钮,可以下载电脑版软件安装包,在计算机上安装软件后再进行使用;也可以直接单击"登录"按钮,通过手机短信验证码或使用抖音App扫码登录账号。

图12-1 进入豆包官网

步骤02 登录账号后,即可显示更多AI功能,包括"AI搜索""帮我写作""图像生成""阅读总结""音乐生成""我的智能体""翻译""解题答疑"等,如图12-2所示。

步骤03 在下方输入框中输入相关指令,单击右侧的发送按钮⬆,便可以得到AI生成的产品营销软文,相关指令和生成内容如下。

179

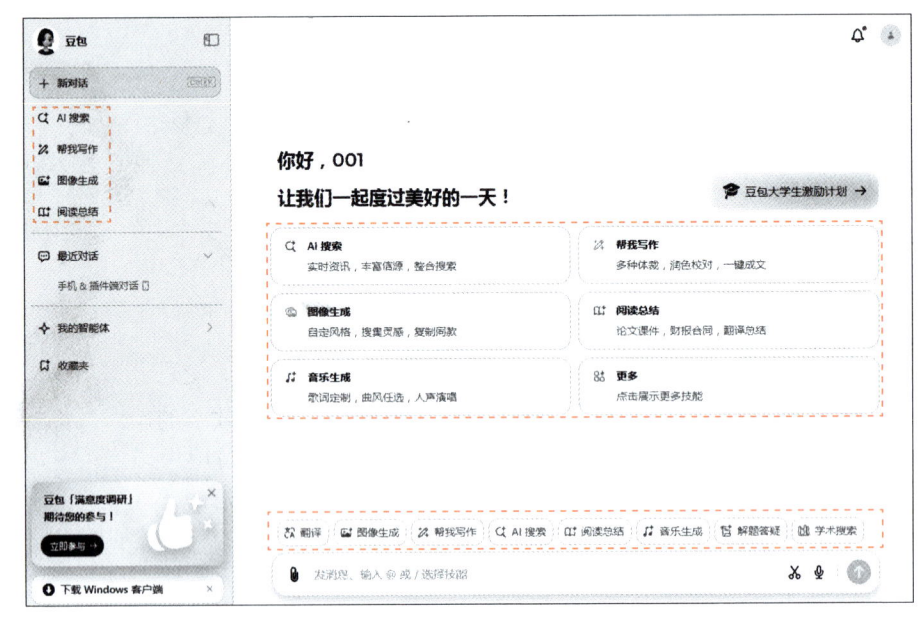

图 12-2 显示更多 AI 功能

提问

请作为一名专业的营销人员，写一篇关于全自动雨伞的软文，产品具备"一键自动开合功能、高密度防水布、快速干燥、轻巧便携、时尚外观、夜间安全、环保材料"等卖点，要求软文主题明确、结构合理、语言简洁、风格统一，以及突出产品或服务的特点和优势。

豆包

雨中的时尚与便捷 ——[品牌名] 全自动雨伞
在这个瞬息万变的时代，我们总是在寻找那些既能满足实际需求，又能彰显个性与品质的好物。今天，我要为你介绍一款集众多优点于一身的神器 ——[品牌名] 全自动雨伞，它将为你的生活带来全新的体验。
一、一键自动开合，科技演绎便捷……
二、高密度防水布，滴水不漏的守护……
三、快速干燥，告别湿漉漉的烦恼……
四、轻巧便携，随时随地陪伴……
五、时尚外观，雨中的亮丽风景……
六、夜间安全，为你照亮前行的路……
七、环保材料，守护地球家园……
#全自动雨伞 #便捷生活 #时尚雨具 #防水神器 #科技与时尚的结合

12.2 营销策划案:"智能穿戴设备"

营销策划案是指导市场推广与销售的蓝图,它能精准定位目标市场,明确竞争优势,规划创意营销活动,确保资源有效配置。通过策略性布局,吸引潜在客户,提升品牌知名度与美誉度,促进销量增长。同时,营销策划案还可助力企业预测市场反应,灵活调整策略,以应对市场变化。通过豆包,商家可以生成全面的营销战略规划,提升品牌影响力。

在编写指令时,可以要求AI根据产品提供市场趋势分析、目标受众特征和推广方案,确保生成的策划案具备前瞻性和可执行性,案例的相关指令和生成内容如下。

提问

生成一份关于智能穿戴设备的营销策划案,内容应包括市场分析、目标受众和推广方案。

豆包

智能穿戴设备营销策划案
一、市场分析
(一)市场规模与增长趋势
随着人们对健康和科技的关注度不断提高,智能穿戴设备市场呈现出快速增长的态势。近年来,全球智能穿戴设备市场规模持续扩大,预计在未来几年内仍将保持较高的增长率。据市场研究机构预测,到[具体年份],全球智能穿戴设备市场规模将达到[具体金额]。
(二)竞争态势
目前,智能穿戴设备市场竞争激烈,主要品牌包括苹果、华为、小米、三星等。这些品牌凭借其强大的技术研发能力、品牌影响力和广泛的销售渠道,占据了市场的较大份额。……
(三)消费者需求与痛点……
二、目标受众
……
三、推广方案
……
以上是一份关于智能穿戴设备的营销策划案,在实际执行过程中,应根据市场变化和消费者需求的动态调整,不断优化和完善营销策略,以确保营销目标的实现。

12.3 市场营销计划:"母婴用品"

在当今激烈的商业竞争中,制定有效的市场营销计划是企业成功的关键,这不仅需要深入了解目标市场和消费者需求,还需要具备创新的策略和高效的执行力。使用豆包,市场营销人员可以更加快速且精确地制定出符合市场需求的营销计划。

豆包能够根据行业趋势、竞争对手分析及目标客户群体的特点,生成涵盖产品定位、推广渠道选择、营销活动策划等内容的综合性建议。

在编写指令时,可以赋予AI市场营销专家的身份,并要求AI根据产品、促销策略、市场情况和特定的节日等细节去制定市场营销计划,以确保生成的计划切合实际并具备可行性,案例的相关指令和生成内容如下。

提问

请作为一名市场营销专家,为我制定一份母婴用品儿童节市场营销计划,需要关注目标市场、竞争情况、产品定位、促销策略和预算分配等细节,同时需要制定合理的营销时间线和效果评估标准。

豆包

《母婴用品儿童节市场营销计划》

一、目标市场

1.主要目标群体:

有0—12岁孩子的家庭,尤其是年龄在25—40岁的家长,他们注重孩子的成长和品质生活,对母婴用品的安全性、质量和功能性有较高要求,同时也愿意为孩子投资。

准父母群体,他们正在为即将到来的宝宝做准备,对各类母婴用品有强烈的需求和购买意愿,且在购买决策上会更加谨慎,更倾向于参考专业建议和品牌口碑。

2.市场规模与增长趋势:

根据市场调研机构的数据显示,近年来母婴用品市场规模持续增长,随着人们生活水平的提高和育儿观念的转变,消费者对母婴用品的品质和多样性需求不断增加。预计在儿童节期间,市场需求将进一步释放,迎来销售高峰。……

二、竞争情况

……

以上是一份完整的母婴用品儿童节市场营销计划,在实施过程中,我们将密切关注市场动态和消费者需求变化,及时调整营销策略和活动安排,确保活动达到预期效果,提升品牌知名度和销售业绩,为母婴用品市场的拓展打下坚实的基础。

12.4 活动主题标语:"女装春季特卖"

一个好的活动主题标语能够简洁有力地传达活动主题与亮点,提升活动的吸引力,激发参与兴趣和期待感。借助豆包,商家可以快速生成个性化的主题标语。

在编写指令时,可以明确活动主题和目标受众,强调产品折扣和活动氛围,以确保生成的标语简洁且引人注目,案例的相关指令和生成内容如下。

提问
生成一条关于女装春季特卖的活动主题标语,强调折扣和活动氛围。

豆包
以下是一些关于"女装春季特卖"的活动主题标语,既强调折扣又突出活动氛围:

一、直接型
1. "春季女装大特卖,折扣狂欢嗨翻天!"……
2. "女装春季特卖,折扣风暴来袭,畅享时尚盛宴!"……

二、情感型
1. "春日焕新,女装特卖,折扣满满,爱意无限!"……
2. "春风拂面,女装特惠,折扣传情,时尚相伴!"……

三、创意型
1. "春天的'折'约,女装特卖会,等你来赴约!"……
2. "女装春季特卖,折扣'跳'动的音符,奏响时尚乐章!"……

四、诱惑型
1. "春季女装特卖,折扣低到尖叫,时尚任你挑!"……
2. "女装春季大放送,折扣疯狂,时尚不打烊!"……

12.5 活动运营方案:"双十一购物节"

活动运营方案对于提升品牌影响力、增强用户黏性、促进销售转化及收集市场反馈至关重要,它明确了目标用户、活动时间、内容创意、执行流程、预算分配及效果评估标准等。通过豆包,商家可以生成系统化的活动运营方案,确保活动顺利进行。

在编写指令时，可以要求AI生成活动的受众目标、具体玩法及时间安排等内容，以确保生成的方案逻辑清晰且易于执行，案例的相关指令和生成内容如下。

提问

请作为一名资深运营专家，设计一个双十一购物节活动方案，注重目标用户的选择、活动时间的安排、活动具体玩法形式、推广方式的多元化、风险的有效控制以及数据的监测与分析等。

豆包

双十一购物节活动方案
一、活动目标
1. 在双十一活动期间，显著提高销售额，较去年双十一增长×%。
2. 吸引新用户注册并下单，新增用户数量达到×人。
3. 提高老用户的复购率，使老用户复购金额占总销售额的×%。
4. 增强品牌知名度和美誉度，通过活动使品牌在社交媒体上的话题热度增加×%。
二、目标用户……
三、活动时间……
四、活动具体玩法形式
……
以上是一个完整的双十一购物节活动方案，在实际执行过程中，需要根据市场变化、用户需求和竞争情况等因素进行灵活调整和优化，确保活动的顺利进行和目标的实现。

12.6 品牌包装推广："UU 无糖饮料"

在现代市场竞争中，品牌包装和方案推广直接影响产品的市场表现。通过豆包，商家可以生成全面的包装和推广方案。

在指令中提供品牌定位、产品特点和市场需求等信息，可以确保生成的推广方案切合实际并具备创新性，案例的相关指令和生成内容如下。

提问

UU是一家专注于生产无糖饮料的品牌，请根据品牌定位生成一份关于"UU无糖饮料"的品牌包装与推广方案，需包含设计理念、目标市场、产品受众和推广策略等。

豆包

UU无糖饮料品牌包装与推广方案
一、品牌概述
"UU无糖饮料"致力于为消费者提供健康、美味且无糖的饮品选择。在当前追求健康生活方式的趋势下,满足消费者对于低糖、零糖饮品的需求,同时注重口感和品质,打造一款具有独特魅力的无糖饮料品牌。
二、设计理念
(一)整体风格
1.简约时尚:采用简洁的线条和几何形状,突出品牌的现代感与科技感。避免过于复杂的图案和装饰,以简洁明了的视觉效果吸引消费者目光。
2.清新自然:运用清新的色彩搭配,如淡绿、浅蓝等,传达出产品的天然、健康属性。同时,可融入一些自然元素的图案,如水滴、植物等,增强与产品原料的关联性。
3.活力动感:通过具有活力的字体设计和排版方式,展现品牌的年轻活力。例如,使用倾斜、加粗等字体效果,营造出动态感,吸引年轻消费者群体。
……

通过以上品牌包装与推广方案的实施,结合科学合理的预算分配和效果评估机制,相信UU无糖饮料能够在市场中树立良好的品牌形象,提高产品的知名度和销售量,赢得消费者的认可和喜爱,成为无糖饮料市场的领先品牌。在实施过程中,要根据市场变化和消费者需求的动态调整,不断优化和完善方案,确保品牌推广活动的顺利进行和目标的实现。

12.7 广告投放策略:"玫瑰沐浴露"

在数字营销时代,精准的广告投放策略是企业吸引目标客户、提升品牌影响力的关键,使用豆包可以帮助营销人员更有效地制定广告投放计划。豆包能够根据目标受众的特征、市场趋势及竞争对手分析,提供定制化的广告投放策略建议。

无论是选择最佳的广告平台、确定投放时间,还是优化广告内容和预算分配,豆包都能提供数据驱动的决策支持。通过豆包这种智能助理,企业不仅能够提高广告投资回报率,还能确保广告活动更加高效和有针对性。

在指令中明确广告的目标对象和广告创意概念数量,并要求AI详细描述每个概念的核心信息和视觉元素,可以极大地帮助豆包聚焦在创意开发上,确保AI输出的广告投放策略既多样化又具备实施性,案例的相关指令和生成内容如下。

提问

我们需要为一款即将上市的[玫瑰沐浴露]制作一系列广告,请提供5个不同的广告创意概念,并描述每个概念的核心信息和视觉元素。

豆包

广告创意概念一:"玫瑰花园的梦幻邂逅"
—核心信息:这款玫瑰沐浴露能让你仿佛置身于浪漫的玫瑰花园,享受极致的沐浴体验,肌肤如同被玫瑰花瓣轻柔呵护,散发迷人芬芳,带来身心的愉悦与放松。
—视觉元素:
· 一个美丽的女子漫步在盛开着娇艳玫瑰的花园中,阳光洒在她身上,她面带微笑,轻轻俯身去嗅一朵玫瑰。
· 镜头切换到女子在浴室中,使用玫瑰沐浴露,沐浴露挤出的瞬间,呈现出玫瑰花瓣的形状,泡沫丰富细腻,如同花园中的云朵。
· 女子沐浴后,身上散发着淡淡的玫瑰香气,肌肤水润有光泽,她穿着白色的浴袍,站在窗边,微风拂过,吹动窗帘,窗外是玫瑰花园的美景。

广告创意概念二:"爱的玫瑰仪式"……
广告创意概念三:"玫瑰精灵的魔法呵护"……
广告创意概念四:"玫瑰时光之旅"……
广告创意概念五:"玫瑰盛宴的肌肤派对"……

12.8 短视频带货脚本:"咖啡摩卡壶"

短视频带货已成为营销的新趋势,精心编写的带货脚本能够有效提升产品销量。通过豆包,商家可以轻松生成高质量的带货脚本。

在指令中赋予AI身份,并提供商品信息,可以确保生成的脚本具有吸引力和针对性,案例的相关指令和生成内容如下。

提问

现在你是一位带货一哥,你需要根据我给出的商品信息撰写一份短视频带货脚本,要求放大商品的亮点价值,激发购买欲。接下来是这款商品的信息。
商品名称:咖啡摩卡壶
商品亮点:高效萃取、操作简便、多功能性、易于清洗、优质材料、品牌保证、环保理念。

豆包

镜号	景别	画面	台词	时长
1	全景	主播微笑着站在布置精美的咖啡角，旁边的桌子上放着咖啡摩卡壶。	家人们，今天给大家带来一款超棒的咖啡摩卡壶！它可是咖啡爱好者的必备神器哦！	8s
2	特写	镜头聚焦在摩卡壶的外观，展示其精致的设计和优质的材料质感。	首先，看看这优质材料，不仅坚固耐用，还能很好地保温，让咖啡的香气更持久。而且它是大品牌出品，品质有绝对的保证！	12s
3	中景	主播拿起摩卡壶，开始演示操作过程，简单几步就组装好了。	操作起来那叫一个简便，就算你是咖啡新手也能轻松上手。只需要简单几步，就能煮出香浓的咖啡。	12s
4	近景	咖啡壶放在热源上，咖啡开始萃取，咖啡液将慢慢滴出。	它的高效萃取功能更是厉害，能够快速提取咖啡的精华，让你在短时间内就能享受到醇厚的咖啡风味。	12s
5	中景	主播一边操作，一边展示用摩卡壶可以制作出不同类型的咖啡，如拿铁、卡布奇诺等。	这款摩卡壶还有多功能性哦，不仅可以煮纯咖啡，还能用来制作各种花式咖啡，满足你的不同口味需求。	12s
6	特写	煮完咖啡后，主播将摩卡壶拆开，展示其简单的结构，然后轻松清洗。	喝完咖啡后，清洗也非常容易，简单冲洗几下就干净了，简直是太省心了。	12s
7	中景	主播拿着摩卡壶，强调其环保理念。	而且，它还秉持着环保理念，让我们在享受美味咖啡的同时，也为环保出一份力。家人们，这么好的咖啡摩卡壶，你还在等什么呢？赶紧下单吧！	15s

12.9 抖音直播带货标题："洗护用品"

抖音直播带货标题的作用至关重要，它不仅是吸引观众点击观看的第一道门槛，更是快速传达商品亮点、营造直播氛围和激发购买欲望的关键。

一个优秀的抖音直播带货标题能够精准定位目标受众，利用关键词提升搜索曝光度，同时结合创意与趣味性，让直播间在众多选择中脱颖而出，瞬间吸引用户的注意力，引导他们进入直播间，从而增加互动、转化率和销售额。

借助豆包，商家可以生成富有创意的抖音直播带货标题，案例的相关指令和生成内容如下。

提问

请生成10个洗护用品抖音直播带货标题。

豆包

以下是10个洗护用品抖音直播带货标题：

一、突出功效型

1.《告别油腻扁塌！这款洗发水让你发根"站"起来，直播揭秘！》
直接点明洗发水针对油腻扁塌发质的显著功效，能吸引有此类困扰的用户点击观看直播，了解产品如何实现发根挺立的效果。

2.《一洗即白不是梦！美白沐浴露直播间大放送，见证肌肤焕白奇迹》……

二、强调成分型

1.《天然植物精华洗发水，直播带你领略纯净洗护力量》……

2.《氨基酸洁面乳，温和清洁不刺激，直播间等你来体验》……

三、引发好奇型

1.《你知道吗？这款洗发水有一个神奇的配方，直播揭晓！》……

2.《为什么他们都在用这款沐浴露？直播间为你解答》……

四、优惠活动型

1.《限时抢购！洗护用品大礼包直播间疯狂派送，错过等一年！》……

2.《直播专享价！优质洗护用品低价来袭，赶紧囤起来！》……

五、情感共鸣型

1.《呵护家人健康，从优质洗护用品开始，直播与你同行》……

2.《让沐浴成为一种享受，这款沐浴露直播带你体验美好时光》……

12.10 小红书种草文案："护肤品"

小红书种草文案的作用在于能够精准吸引目标用户注意，通过生动描述和真实体验分享，激发用户的购买欲望和兴趣。简短有力的文案搭配高质量的图片或视频，能够快速传播口碑，增加产品曝光度，形成良好的品牌形象。对于品牌方而言，这是低成本、高效能的营销方式；对于消费者而言，则是获取真实购物参考的便捷途径。

通过豆包，商家可以生成吸引人的种草内容，增强产品曝光率，案例的相关指令和生成内容如下。

提问

生成一篇关于"护肤品使用体验"的小红书种草文案,强调使用效果和个人体验。

豆包

我的护肤品使用体验大公开

哈喽,各位小红薯们!今天想和大家分享一下我最近使用的一些护肤品的真实体验,希望能给正在寻找适合自己护肤品的你一些参考哦。

洁面产品—[品牌名]洁面乳

使用效果:

这款洁面乳的清洁力真的让我惊艳到!每次只需挤出一点点,就能打出丰富绵密的泡沫,像云朵一样轻柔地包裹着脸部。它能深入毛孔,把污垢和油脂都清洗得干干净净,但又不会过度清洁,洗完后皮肤感觉清爽舒适,没有紧绷感。……

个人体验:

它的味道很清新,淡淡的香味让人在洗脸的时候感觉特别放松。质地很细腻,容易推开,使用起来非常方便。我是敏感肌,用了很多洁面产品都会有刺痛感,但这款完全不会,它非常温和,让我用得很安心。每次洗完脸,都感觉自己的皮肤焕然一新,为后续的护肤步骤打下了很好的基础。

……

以上就是我近期使用的一些护肤品的使用体验啦,每个人的肤质不同,使用效果也可能会有所差异,所以大家在选择护肤品的时候一定要根据自己的肤质来哦。希望我的分享能对你们有所帮助,如果你们有什么好用的护肤品也欢迎在评论区留言分享哦。

#护肤品 #使用体验 #护肤分享 #好物推荐

▶ 第 13 章

金融投资类的 AI 办公案例

　　本章主要介绍使用360智脑进行金融投资类AI办公的方法。360智脑是360自己研发的认知型通用大模型，具备生成创作、多轮对话等核心能力，重塑人机协作新范式。在金融投资类AI办公创作中，360智脑通过智能化技术，可以解答金融问题、生成投资分析和风险评估报告等，提高金融机构的生产力和效率，实现业务增长和风险控制，是金融行业智能化办公的重要工具。

第 13 章　金融投资类的 AI 办公案例

13.1　金融专业知识："投资顾问"

在复杂的金融市场环境中，获取准确且及时的专业知识对于投资者来说至关重要。无论是深入解析经济指标，还是跟踪最新的行业动态，360智脑都能迅速提供清晰易懂的信息，帮助投资者理解复杂的财经概念。

扫码看视频

另外，360智脑还可以根据投资者的需求定制个性化的资讯服务，确保投资者能够及时掌握对自己最有价值的数据与信息。借助360智脑的力量，即使是经验不足的投资者也能获得专业的指导，从而在投资决策过程中更加自信和明智。

在指令中明确界定对话的角色、目的和具体任务，可以很好地引导360智脑生成专业、有针对性的内容。下面介绍使用360智脑生成金融专业知识的操作方法。

步骤 01 在360浏览器中登录账号（可通过微博App扫码、手机短信验证码等方式登录账号），使用浏览器搜索360智脑，进入360智脑体验平台，此时会自动登录360通用账号，在平台选择"360智脑"作为对话角色，如图13-1所示。

图 13-1　选择"360 智脑"作为对话角色

步骤 02 在下方输入框中输入相关指令，单击右侧的发送按钮，便可以得到AI生成的金融专业知识，相关指令和生成内容如下。

提问

现在，请你扮演一位资深的金融投资顾问。一位客户想要探讨股票、基金以及期货的区别，并询问哪种类型的投资工具更适合当前的市场状况。请详细介绍每种投资工具的风险收益特性，并根据当前的市场趋势和经济指标，为客户推荐一个合理的资产配置方案。

191

360智脑

当然，我很高兴为您解答。首先，让我们详细了解股票、基金以及期货这三种投资工具的风险收益特性。

股票

风险与收益：股票通常被认为是高风险高回报的投资工具。股价的波动性较大，受市场情绪、公司业绩、宏观经济等多种因素影响。投资者可以通过购买股票成为公司的股东，享受公司成长带来的资本增值，同时也有机会获得股息收入。

适合人群：适合风险承受能力较强，具备一定市场知识和经验，且愿意花费时间和精力研究个股的投资者。

基金

风险与收益：基金是一种集合投资工具，通过汇集多个投资者的资金，投资于股票、债券等多种资产。基金的风险和收益取决于其投资组合的构成。例如，股票型基金风险较高但潜在收益也高，而债券型基金则相对稳健，收益较为稳定。

适合人群：适合风险承受能力较低，或者希望分散风险、简化投资决策过程的投资者。

期货

风险与收益：期货是一种衍生品，允许投资者在未来某一特定日期以预定价格买卖某种资产。期货交易具有杠杆效应，这意味着投资者可以用较少的资金控制较大的资产价值，但也因此放大了风险和收益。期货市场的波动性非常高，可能导致巨额亏损或丰厚回报。

适合人群：适合风险承受能力非常强，具备专业知识和交易经验的投资者。

当前市场状况与经济指标……

资产配置建议……

13.2 解答投资问题："债券风险与收益"

投资者在选择债券时，常常面临风险与收益之间的权衡，了解债券的风险和潜在收益至关重要，这将直接影响投资决策。使用360智脑，可以获得关于债券风险与收益的详细解答，帮助投资者更清晰地认识不同类型债券的特点，从而做出更明智的投资选择。

在指令中指定问题的具体领域或者明确列出需要分析的要点，可以确保生成的回答准确且实用，案例的相关指令和生成内容如下。

提问

解答关于[债券投资的风险与收益]的常见问题，提供详尽的解答和实例。

360智脑

当然，关于债券投资的风险与收益是一些常见的问题，下面我会提供详尽的解答和实例。

1. 债券投资的主要风险是什么？

利率风险

描述：市场利率的变动可能会影响债券的价格。当市场利率上升时，债券价格通常会下降；反之亦然。

实例：假设你持有一种票面利率为5%的债券，如果市场利率上升到6%，那么你持有的债券价格将会下降，因为你持有的债券相对于新发行的债券来说吸引力降低了。

信用风险

描述：债券发行人可能无法履行支付利息或本金的承诺，这会导致债券价值下降或违约。

实例：如果你持有一家公司的企业债券，而这家公司后来陷入财务困境，无法按时支付利息或本金，那么你将面临信用风险。

通货膨胀风险

描述：通货膨胀会降低债券收益的实际购买力。

实例：如果你持有一种年收益率为3%的债券，而通货膨胀率达到4%，那么你实际的投资收益将是负的，因为你所得的利息无法跟上物价上涨的速度。

……

2. 如何平衡债券投资的风险与收益？……
3. 债券投资的收益来源是什么？……
4. 如何计算债券的投资收益率？……
5. 债券投资适合哪些类型的投资者？……

通过以上详尽的解答和实例，希望能够帮助你更好地理解债券投资的风险与收益。

13.3 分析市场趋势："经济周期"

分析市场趋势是制定投资策略的重要一步，尤其是在经济周期变化的背景下，了解不同经济周期对市场的影响，能够帮助投资者把握最佳投资时机。通过360智脑，可以获取关于经济周期及其对投资影响的详细分析，从而帮助投资者做出更加明智的投资决策。

在指令中清晰定义要分析的经济周期阶段，可以确保AI提供相关的深度分析，案例的相关指令和生成内容如下。

提问

分析当前经济周期对投资市场的影响，包含以下要点：

1. 经济周期的不同阶段（扩张、顶峰、衰退、复苏）；
2. 每个阶段对主要资产类别的影响；
3. 投资者应采取的策略建议。

360智脑

当前经济周期对投资市场的影响可以从以下几个方面进行分析：

1. 经济周期的不同阶段

经济周期通常分为四个阶段：扩张、顶峰、衰退和复苏。每个阶段都有其独有的特征和对投资市场的影响。

扩张阶段：经济活动加速，GDP增长，失业率下降，企业盈利增加。市场情绪乐观，股票市场通常表现良好。

顶峰阶段：经济增长达到高峰，通货膨胀压力增加，中央银行可能加息以控制通胀。股票市场可能开始波动，债券市场也可能受到利率上升的影响。

衰退阶段：经济增长放缓，企业盈利下降，失业率上升。股票市场通常表现不佳，债券市场可能受益于降息预期。

复苏阶段：经济开始回暖，企业盈利逐渐恢复，市场情绪改善。股票市场通常表现良好，尤其是周期性股票。

2. 每个阶段对主要资产类别的影响……

3. 投资者应采取的策略建议……

总之，投资者应根据经济周期的不同阶段，调整其投资组合，以最大化收益和最小化风险。

13.4 行业研究报告："宏观经济分析"

在金融行业中，高质量的研究报告对于投资者和决策者来说至关重要。通过提供详尽的市场数据、历史趋势及最新的行业动态，360智脑能够帮助投资者和决策者快速编制出内容丰富、分析深入的报告。无论是宏观经济分析、公司财务状况评估，还是新兴市场机遇探讨，360智脑都能够根据需求生成结构清晰、逻辑严密的文本，从而提升研究报告的专业性和可信度。

本案例将以宏观经济分析为例进行相关介绍。宏观经济因素对各行业的发展有着深远的影响，了解这些因素能够帮助投资者做出更有效的决策。360智脑可以生成关于宏观经济的行业研究报告，涵盖GDP（Gross Domestic Product，国内生产总值）、失业率、通货膨胀等关键指标，为投资策略提供重要参考。

在指令中清晰界定360智脑的角色和报告的核心内容，通过指定分析的具体方向和深度要求，可以确保360智脑生成的报告具备专业性、全面性和前瞻性，对提升报告质量和价值具有显著帮助，案例的相关指令和生成内容如下。

提问

请你扮演一位[资深的宏观经济分析师]，生成关于[宏观经济分析]的行业研究报告，包含以下要点：
1.当前宏观经济指标（如GDP、通货膨胀率、失业率）；
2.宏观经济对不同产业的影响分析；
3.未来经济趋势的预测及其对投资的启示。

360智脑

宏观经济分析行业研究报告
一、当前宏观经济指标
1. GDP
最新数据显示，2024年第二季度的GDP增长率达到了3.5%。这一增长主要得益于制造业、服务业和出口的强劲表现。尽管全球经济增长放缓，但国内需求的增加和政府的刺激政策在一定程度上抵消了外部压力。
2. 通货膨胀率
截至2024年8月，通货膨胀率为2.8%。虽然通胀率有所上升，但仍在可控范围内。食品和能源价格的波动是主要驱动因素，而核心通胀率则保持在较为稳定的水平。
3. 失业率
当前的失业率为4.1%，较上一季度略有下降。就业市场的改善主要归因于服务业和科技行业的招聘增加。然而，制造业和建筑业的就业情况仍然面临挑战。
二、宏观经济对不同产业的影响分析……
三、未来经济趋势的预测及其对投资的启示……
结论
当前宏观经济指标显示，经济总体上保持稳健增长，但也面临诸多挑战。不同产业的表现各异，投资者应根据具体情况制定投资策略。未来，经济增长的可持续性和稳定性将是关键，投资者需保持警惕，灵活应对市场变化。

13.5 股票投资建议："潜力成长股"

股票投资建议在金融投资行业中至关重要，可以帮助投资者识别潜在机会、优化组合和降低风险。360智脑通过实时数据分析和个性化推荐，可以提供基于用户投资目标的股票建议。此外，它还能够提供深入的行业洞察和风险评估，帮助投资者理解市场动态。

潜力成长股因其高增长潜力而吸引了众多投资者的关注，这些股票通常处于快速增长的行业，能够为投资者带来丰厚的回报。在指令中明确列出潜力成长股的评估标准，并要求AI结合市场数据和行业分析，可以确保生成的内容具有针对性、专业性和实用性，案例的相关指令和生成内容如下。

提问

请你扮演一位资深的股票投资师，生成关于[潜力成长股]的投资建议，包含以下要点：
1.当前市场上推荐的潜力成长股列表；
2.每只股票的基本面分析（如营收增长率、市场份额等）；
3.未来发展前景及行业趋势的评估；
4.投资者应考虑的风险因素。

360智脑

当然，作为一位资深的股票投资师，我会为你提供关于潜力成长股的投资建议。以下是当前市场上推荐的几只潜力成长股的详细分析：

1. 特斯拉（Tesla, TSLA）

基本面分析：

营收增长率：特斯拉在过去几个季度表现出强劲的营收增长。……

市场份额：特斯拉在全球电动车市场占据领先地位，市场份额接近20%。

未来发展前景及行业趋势：……

风险因素：

市场竞争加剧：传统汽车制造商和新兴电动车企业纷纷进入市场，可能对特斯拉的市场份额造成压力。

供应链风险：全球芯片短缺和其他供应链问题可能影响特斯拉的生产和交付。

2. 亚马逊（Amazon, AMZN）……

3. 英伟达（NVIDIA, NVDA）……

4. Moderna（MRNA）……

5. Square（SQ）……

总结

这些潜力成长股在各自的领域都有显著的优势和良好的发展前景。然而，投资者在做出投资决策时，应充分考虑上述提到的风险因素，并结合自身的投资目标和风险承受能力进行综合评估。希望这些建议对你有所帮助。

13.6 投资分析报告:"XYZ 公司"

投资分析报告是一种专业的文档,它综合分析了市场趋势、经济指标、公司财务状况及其他相关因素,以评估投资机会的潜在风险和回报。通过提供详尽的市场数据、行业趋势及具体公司的财务信息,360智脑能够快速生成结构清晰、分析透彻的投资分析报告。

在指令中明确360智脑的角色定位,详细列出报告所需涵盖的各个方面,从财务分析到行业趋势、竞争格局,再到估值分析与风险评估,最后到具体的投资建议,这种结构化的指令,能够确保报告内容的全面性和深度,帮助360智脑生成既专业又实用的投资分析报告,案例的相关指令和生成内容如下。

提问

请你作为一位经验丰富的证券分析师,为我精心准备一份详尽的XYZ公司股票投资分析报告。在撰写过程中,请深入剖析其最新财务报表,细致评估公司的盈利能力、运营效率及现金流状况,以全面展现其财务健康状况。同时,结合当前行业发展趋势与竞争格局,特别是竞争对手的动态,分析XYZ公司的成长潜力与市场份额扩张策略。

进一步地,请运用PE(Price Earnings Ratio,市盈率)比率、市净率等关键估值指标,结合市场可比公司情况,进行深入的估值分析,评估其股价的合理性及未来增长空间。在此基础上,综合考量市场风险、行业风险及公司特有风险,提出具有前瞻性的投资建议,包括买入、持有或卖出的明确观点,并辅以理由支撑,以帮助投资者做出明智决策。

360智脑

XYZ公司股票投资分析报告

概述

XYZ公司是一家领先的科技公司,主要从事人工智能、大数据和云计算领域的研发和商业化。公司近年来表现出强劲的增长势头,但市场竞争激烈。本文将通过对XYZ公司最新财务报表的深入分析,评估其财务健康状况,并结合行业发展趋势和竞争格局,提供投资建议。

财务报表分析

盈利能力

……

投资建议

买入、持有或卖出的明确观点

买入:考虑到XYZ公司强劲的盈利能力、高效的运营管理和良好的现金流状况,以及其在人工智能领域的领先地位和未来的成长潜力，建议投资者买入XYZ公司股票。

理由支撑

高成长性：公司收入和净利润保持较高增速，技术创新能力突出。

合理的估值水平：尽管市盈率高于行业平均水平，但考虑到公司的高成长性，估值较为合理。

风险管理：公司通过多元化业务布局和国际市场拓展，有效分散风险。

结论

XYZ公司作为科技行业的领先企业，展现出强劲的增长势头和良好的财务健康状况。尽管面临市场竞争和技术替代等风险，但通过持续的技术创新和市场拓展，公司有望在未来实现进一步的增长。建议投资者买入XYZ公司股票，以分享其成长红利。

13.7 风险评估报告："房地产项目"

风险评估报告是对特定投资项目或资产可能面临的风险进行全面分析的文档，它涵盖了财务、市场、运营、法律等多个方面的风险因素，并评估这些风险对投资回报的影响。

360智脑能够帮助投资者快速生成全面且深入的风险评估报告，无论是分析股票、债券还是房地产项目，360智脑都能够根据需求生成结构清晰、逻辑严密的文本，帮助投资者识别潜在的风险点，并提供相应的应对策略。

在指令中明确360智脑的角色定位，提供房地产项目及其位置等信息，并结合具体的市场数据和政策信息，可以增强报告的可靠性，案例的相关指令和生成内容如下。

提问

请你扮演一位资深的房地产投资顾问，针对位于北京市房山区地段的某一商业地产项目，开展全面而深入的风险评估，并据此撰写一份详尽的分析报告。

在报告中，首要任务是精准剖析该项目的核心位置优势，包括但不限于交通便利性、人流密集度及区域发展成熟度。随后，细致考察周边配套设施的完善程度，如商业氛围、教育资源、医疗设施及休闲娱乐场所等，以评估其对项目价值的提升作用。

在风险评估环节，请综合考量市场风险、政策风险、财务风险及运营风险等多方面因素，运用专业工具与方法进行量化评估，明确列出潜在风险点。最后，基于上述分析，提出具体且可行的风险防控建议，包括但不限于优化项目定位、调整营销策略、加强财务管理及提升运营管理水平等，旨在为投资者提供全面、客观、前瞻性的决策支持。

360智脑

北京市房山区商业地产项目风险评估报告

一、项目概述

1. 项目位置

该项目位于北京市房山区，地处首都西南部，距离市中心约30公里。房山区作为北京的重要卫星城之一，近年来在政府的大力推动下，区域经济发展迅速，基础设施不断完善。

2. 项目规模

该项目总建筑面积为10万平方米，涵盖商业、办公和住宅等多种物业类型。项目计划分三期开发，预计总投资额为30亿元人民币。

二、位置优势分析……

三、周边配套设施分析……

四、风险评估……

五、风险防控建议……

综上所述，北京市房山区商业地产项目具有显著的位置优势和完善的周边配套设施，具备较高的投资价值和发展潜力。然而，项目也面临着市场、政策、财务和运营等多方面的风险。通过优化项目定位、调整营销策略、加强财务管理、提升运营管理水平等措施，可以有效防控风险，确保项目的顺利推进和长期发展。

本报告旨在为投资者提供全面、客观、前瞻性的决策支持，希望能够在实际操作中为项目的成功提供有力的帮助。

13.8 优化投资组合："调整资产配置"

投资组合是指投资者根据自身的风险承受能力、投资目标和期限等因素，将资金分配到不同类型的资产中的一种策略，通常包括股票、债券、房地产等多种投资工具。通过合理配置这些资产，投资者可以在追求收益最大化的同时，分散风险，达到资产增值的目的。

在投资管理中，优化投资组合是提高投资效率的关键步骤，360智脑能够生成个性化的投资组合建议。无论是确定最佳资产配置比例、识别高潜力投资机会，还是监控市场动态以调整策略，360智脑都能够提供有价值的见解，帮助投资者做出更加明智的决策。

在指令中清晰设定360智脑的角色和任务，同时给出具体的客户背景、投资目标和时间框架，有助于360智脑聚焦投资者的个性化需求，结合市场状况和风险承受能力，提出针对性的优化方案，案例的相关指令和生成内容如下。

提问

我有一位客户，他希望优化自己的投资组合，以期在未来三年内实现资产的稳健增长。他的投资组合目前主要集中在股票、基金和一部分的黄金投资。

现在，请你扮演一位专业的投资策略分析师，依据当前的经济形势、客户的风险偏好和投资回报期望，制定一个资产投资策略调整方案，包括重新平衡各类资产的配置，并推荐几个预期表现良好的投资产品。

360智脑

好的，作为专业的投资策略分析师，我会根据当前的经济形势、客户的风险偏好和投资回报期望，制定一个资产投资策略调整方案。以下是我的建议：

一、风险评估与目标设定

首先，我们需要明确客户的风险承受能力和投资目标：

风险偏好：了解客户是风险厌恶型、中等风险承受型还是风险偏好型。

投资目标：明确客户在未来三年内的具体财务目标，例如资产增值的幅度、流动性需求等。

二、当前经济形势分析

截至2024年9月，全球经济正在逐步复苏，但仍然面临一些不确定因素，如通胀压力、地缘政治风险等。具体来看：

股市：市场波动较大，但长期看好科技、绿色能源和医疗健康等领域。

基金：指数基金和主动管理型基金表现各异，需要精选优质基金。

黄金：作为避险资产，黄金在投资组合中起到分散风险的作用。

三、资产配置调整建议

根据客户的风险偏好和投资目标，建议对现有投资组合进行如下调整：

......

四、推荐投资产品

根据上述调整建议，推荐以下几只预期表现良好的投资产品：

......

五、定期审查与调整

建议每季度对投资组合进行审查，根据市场变化和个人财务状况及时调整资产配置，确保投资组合始终符合客户的财务目标和风险承受能力。

......

祝您投资顺利！